华章IT
HZBOOKS | Information Technology

数据科学与工程技术丛书

PRACTICAL WEB SCRAPING FOR DATA SCIENCE

数据科学实战之网络爬取

Python实践和示例

[比] 希普·万登·布鲁克（Seppe vanden Broucke）
巴特·巴森斯（Bart Baesens） 著
罗娜 李福杰 译

机械工业出版社
China Machine Press

图书在版编目（CIP）数据

数据科学实战之网络爬取：Python 实践和示例 /（比）希普 · 万登 · 布鲁克（Seppe vanden Broucke），（比）巴特 · 巴森斯（Bart Baesens）著；罗娜，李福杰译 . —北京：机械工业出版社，2019.1

（数据科学与工程技术丛书）

书名原文：Practical Web Scraping for Data Science

ISBN 978-7-111-61404-3

I. 数…　II. ① 希…　② 巴…　③ 罗…　④ 李…　III. 软件工具 - 程序设计　IV. TP311.561

中国版本图书馆 CIP 数据核字（2018）第 263173 号

本书版权登记号：图字　01-2018-7300

数据科学实战之网络爬取：Python 实践和示例

出版发行：机械工业出版社（北京市西城区百万庄大街 22 号　邮政编码：100037）

责任编辑：刘　锋　　责任校对：殷　虹

印　　刷：北京市兆成印刷有限责任公司　　版　　次：2019 年 1 月第 1 版第 1 次印刷

开　　本：185mm × 260mm　1/16　　印　　张：13.75

书　　号：ISBN 978-7-111-61404-3　　定　　价：69.00 元

凡购本书，如有缺页、倒页、脱页，由本社发行部调换

客服热线：（010）88379426　88361066　　投稿热线：（010）88379604

购书热线：（010）68326294　88379649　68995259　　读者信箱：hzit@hzbook.com

译者序

随着大数据时代的到来，互联网上充斥着越来越多的信息。人们期望从互联网上获得有效信息从而为数据分析提供支持，包括分析用户行为、分析产品的不足之处或分析竞争对手的信息等。如何自动获得这些信息或数据成为当务之急。

作为这个时代不可或缺的一部分，网络爬取技术（又称网络爬虫、网页蜘蛛、网络机器人等）通过程序或者脚本自动访问互联网并下载网站内容，再进行过滤、筛选、归纳、整理等，从而实现互联网信息的自动收集整理。在信息收集过程中，网络爬取程序从一个或若干个初始网页的URL开始，获得初始网页上的URL，通过解析器对下载的网页进行解析不断地获取新的URL和所需内容，直到满足系统的停止条件，把获取的内容以文件的形式输出，再进一步进行数据分析。而作为开发网络爬取程序的利器，Python包括Requests、Beautiful Soup、Selenium等多个简单易用的库，可以简单、快速、高效地实现大多数场景下的网络数据爬取。本书在介绍Python语言的基础上，从零开始实现了基于Python的网络爬取，内容由浅及深，同时涵盖了网络协议、超文本标记语言等网络相关基础内容，为理论的落地提供了实际的指导。同时，对于网络爬取技术所带来的问题，包括爬取技术造成的大量IP访问网站侵占带宽资源、用户隐私和知识产权等问题，以及企业的“反爬虫”策略，本书亦有涉及。

难能可贵的是，作为一本实战类书籍，本书在通俗地介绍大量关于网络爬取技术的同时，还给出了实际网络爬取的若干实例，同时结合机器学习、机器视觉中的若干内容给出了切实可行的程序，以供读者参考使用。

本书内容丰富、案例详实，不仅适合网络爬取初学者阅读，同时对网络爬取的高级内容也有详细介绍。但限于译者水平，对本书中部分内容的理解或中文语言表达难免存在不当之处，敬请读者批评指正，以便能够不断改进。

罗娜　李福杰

2018年8月15日于上海

作者简介

Seppe vanden Broucke是比利时鲁汶大学经济与商务学院数据科学方面的助理教授。他的研究兴趣包括商务数据挖掘和分析、机器学习、流程管理和流程挖掘，相关论文发表在知名国际期刊和顶级会议上。Seppe从事包括高级分析、大数据和信息管理课程方面的教学工作，也经常为工业和商业用户进行培训。工作之余，Seppe喜欢旅行、阅读（从Murakami到Bukowski到Asimov）、听音乐（从Booka Shade到Miles Davis到Claude Debussy）、看电影和连续剧（由于没时间现在看得少多了）、玩游戏和关注新闻事件。

Bart Baesens是比利时鲁汶大学大数据和数据分析方面的教授，也是英国南安普顿大学的讲师。他对大数据及分析、信用风险建模、欺诈检测和营销分析进行了广泛的研究。Bart撰写了200多篇学术论文和若干本书。除了与家人共度时光外，他还是一名布鲁日足球俱乐部的铁杆球迷。Bart是美食家和业余厨师，他喜欢在他的酒窖里或者在花园里俯瞰红色英式电话亭时喝一杯好酒（他最喜欢的是白维欧尼或红赤霞珠）。Bart热爱旅行，对第一次世界大战着迷，并阅读了很多关于这个主题的书籍。

技术审校者简介

Mark Furman，MBA、系统工程师、作家、教师和企业家。在过去的16年里，他一直在信息技术领域工作，专注于基于Linux的系统和Python编程，为包括Host Gator、Interland、Suntrust Bank、AT&T和Winn-Dixie在内的多家公司工作。目前，他致力于创客运动，并推出了Tech Forge（techforge.org），以帮助人们创建创客空间并维持现有空间。他拥有俄亥俄大学的工商管理硕士学位。你可以在Twitter @ mfurman上关注他。

前言

恭喜！从选择本书起，你就迈出了进入令人兴奋的网络爬取世界的第一步。感谢你选择本书陪伴你踏上这段旅程。

目标

对于那些不熟悉编程或网络工作机制的人来说，网页爬取通常看起来像个魔法：编写独立探索互联网并收集数据的程序被看作一种神奇的、令人兴奋的甚至可怕的强大力量。实际上，没有太多的编程任务能够像网络爬取那样同时吸引有经验的程序员和新手。第一次看着程序工作，在网络上开始不断收集数据，感觉自己已经避免了工作中的“常规方式”，破解了某种谜题。也许是因为这个原因，网络抓取现在制造了很多头条新闻。

本书将使用 Python 作为编程语言，提供简洁而时髦的网络爬取指南。虽然有很多其他的书籍和在线教程，但对于入门者来说，我们觉得还可以进行这种方式的学习，以提供一个“简短而甜蜜”的指南，而不至于陷入典型的“在 *X* 小时内学会”但重要的细节或最佳实践却因为快速学习而被忽略的陷阱。另外，你会注意到我们将本书称为“数据科学实战之网络爬取”，这是因为我们本身就是数据科学家，在收集数据的过程中发现网络爬取是一个很强大的工具。数据科学项目的第一步是从获得合适的数据集开始，在某些情况下（如果你愿意的话，可以是“理想情况”），数据集由业务合作伙伴、公司的数据仓库或你的学术主管提供，或是从外部数据供应商处购买或获取的结构化格式的数据。但许多真实的项目都需要从网络收集大量信息，就像人们手工从网络上收集数据一样。因此，本书提供以下内容：

- 简明扼要，但同时也详尽地叙述网络爬取的内容；
- 面向数据科学家，展示网络爬取如何嵌入数据科学工作流；

- 采用代码优先方法，无需太多样板文字，让你快速掌握网络爬取；
- 通过使用完善的最佳实践和公开可用的开源 Python 库来实现；
- 比简单的基础内容更进一步，展示如何在现在的网络中进行爬取，包括如何处理 JavaScript、Cookie 和常见的网络反爬取技术；
- 包括有关网络爬取的管理和法律问题的讨论；
- 为进一步阅读和学习提供指导；
- 包括若干大型、完整的实例。

我们希望你能享受阅读本书的乐趣，有如我们写作本书的初衷。如果你有任何疑问、发现了书中的错误或只想联系我们，请随时与我们联系！我们喜欢听取读者的意见，并乐于接收任何想法和问题。

Seppe vanden Broucke, seppe.vandenbroucke@kuleuven.be

Bart Baesens, bart.baesens@kuleuven.be

读者须知

我们在撰写本书时考虑了以数据科学为导向的受众。因此，你可能已经熟悉 Python 或其他一些编程语言或分析工具包，无论是 R、SAS、SPSS，还是其他语言。如果你已经使用过 Python，那么你会在阅读本书时感到更舒服。如果没有，我们将在后面包含 Python 的快速入门，以便你了解基础知识，并提供其他阅读指南。即使你还没有将 Python 用于日常的数据科学任务（很多人会认为你应该这样做），我们也想向你展示 Python 作为一种特别强大的语言，适用于从网络上爬取数据。我们还假设你对网络的工作方式有一些基本了解，也就是说你了解 Web 浏览器的工作方式并知道 URL 是什么。随着书中内容的进展，我们将详细解释相关细节。

总而言之，本书适用于以下目标读者：

- 已经在使用 Python 并希望学习如何使用这种语言来爬取网络数据的数据科学从业者；
- 使用另一种编程语言或工具包，但希望采用 Python 来执行网络爬取部分的数据科学从业者；
- 网络爬取课程的讲师和导师；
- 从事网络爬取项目或旨在提高 Python 技能的学生；

- 需要网络数据实现想法的数据分析师；
- 希望了解网络爬取的全部内容以及如何为其团队带来收益，以及需要考虑相关管理和法律问题的数据科学或商业智能经理。

本书结构

本书可分为如下三个部分：

- 第一部分包括第1～3章，将介绍网络爬取及它为什么对数据科学家有用，并讨论网络的关键组件HTTP、HTML和CSS。我们将展示如何使用Python中的“requests”和“Beautiful Soup”库编写基本的爬取。
- 第二部分包括第4～6章，将深入讨论HTTP，展示如何使用表单、登录界面和Cookie。解释如何处理JavaScript的繁杂网站，并展示如何实现从简单的网络爬取到高级网络爬虫。
- 第三部分包括第7～9章，讨论数据科学背景下网络爬取的管理和法律问题，进一步扩展介绍了其他工具和库。同时，这一部分还列出了有关网络爬取最佳实践的总览和窍门。第9章列举了若干网络爬取示例，以显示之前的概念如何组合，并用网络爬取的数据突出显示一些有趣的数据科学用例。

本书易于阅读和实现，因此建议新人从头到尾阅读本书。也就是说，本书的结构是后面的部分会参考前面的内容，以便你想要温习知识或查找特定的概念。

目录

01

第一部分

网络爬取基础

P　A　R　T　1

CHAPTER 01

第1章 简　介

本章将介绍网络爬取的概念，并强调为什么这种做法对数据科学家有用。在说明各个领域和行业中最近使用的一些有趣的网络爬取案例之后，确保你已经搭建好自己的编程环境并为网页爬取做好准备。

1.1　什么是网络爬取

网络“爬取”/“爬虫”(也称为“网络收集”“网络数据提取”或“网络数据挖掘”)，可以定义为“构建一个代理，以自动化的方式从网络上下载、解析和组织数据”。换句话说，用户点击网络浏览器，把其中感兴趣的部分复制粘贴到电子表格中的工作可以通过网络爬取程序实现，并且该程序的执行比人类更快、更准确。

从互联网上进行自动收集数据的时间可能和互联网本身一样久远，但“爬取”这个术语存在的时间也许要比网络还要长。在“网络爬取”成为一个术语流行起来之前，被称为“屏幕抓取”的操作已经被作为从视觉表达中提取数据的一种方式，虽然在计算机时代初期(20世纪60年代到80年代)，这样的视觉表达仅仅是简单的基于文本格式的“终端”。就像现在一样，当时的人们对在这些终端上“抓取”大量的文本数据并存储这些数据供日后使用充满兴趣。

1.1.1　网络爬取为什么用于数据科学

使用普通网络浏览器浏览网页时可能会遇到多个站点，读者可能会考虑从网站上收集、存储和分析网页上显示的数据。特别是对于“原材料”是数据的数据科学家来说，网络提供了许多有趣的机会：

- 在维基百科网页上可能有一张有趣的表格，你可以通过该表格进行一些统计分析；
- 也许你想要从电影网站获得评论列表来进行文本挖掘、创建推荐引擎或构建预测模型以发现虚假评论；
- 你可能希望得到一个房地产网站上的房产清单，对房产地理信息进行可视化，从而使其更具有吸引力；
- 为丰富数据集，你可能希望能够通过网络上查找的信息获取更多的特征，例如可预测的天气信息、饮料销售量；
- 你可能想知道如何使用网络论坛上的个人资料数据进行社交网络分析；
- 通过监视一个新闻站点，实现对特定感兴趣的主题新闻的趋势分析，可能会更有意思。

网络上面包含了许多有趣的数据源，它们为各种有趣的事情提供了财富宝库。遗憾的是，网络目前的非结构化特性使得并不总是能够以简单的方式收集或导出这些数据。网络浏览器非常善于以一种具有吸引力的方式展示图像、显示动画和网站，但并不能使用一种简单的方式来导出数据，至少在大多数情况下如此。与通过网页浏览器的窗口逐页查看网页内容相比，自动收集丰富的数据集不是更好吗？这也正是网络爬取的优势所在。

如果对网络有一些了解，你可能会想："这不就是应用程序编程接口（API）吗？"事实上，现在很多网站都提供这样一个API，它允许外部以结构化的方式访问他们的数据存储库，这意味着被计算机程序消费和访问，而不是被人类直接访问（当然，程序是由人类编写的）。例如，Twitter、Facebook、LinkedIn和Google都提供这样的API，可以搜索和发布推文、获取你的朋友和他们喜欢的列表、查看你与谁联系等。那么，为什么我们仍然需要网络爬取？API是访问数据源的好方法，但网站必须提供了这样的API，公开你想要的功能。一般的经验是先去找这样的API，如果可以找到的话，在开始构建网络爬取收集数据之前使用这样的API。例如，你可以轻松使用Twitter的API来获取最近的推文列表，而不用自己去查找相关数据。尽管如此，仍然有很多原因可以解释为什么网络爬取比使用API更可取：

- 要从中提取数据的网站不提供API；
- 网站的访问是免费的，而提供的API不是免费的；
- 所提供的API速率受限制，也就是说每秒、每天只能通过API进行一定次数的访问；
- API没有公开你想要获得的所有数据，而网站上公开了这些数据。

在所有这些情况下，使用网络爬取可能会更有用。事实上，如果可以在网络浏览器中查看一些数据，那你就能通过一个程序访问和检索它。如果可以通过程序访问它，那你就可以以任何方式存储、处理和使用这些数据。

1.1.2　谁在使用网络爬取

访问和收集网络数据有许多实际应用，其中许多属于数据科学领域。以下列出现实生活中一些有趣的例子：

- Google 的许多产品都得益于 Google 核心业务中对数据的获得。例如，Google 翻译利用存储在网络上的文本来训练和改进翻译。
- 在人力资源和员工分析中很多时候应用网络爬取。例如，位于旧金山的 hiQ 公司通过收集和分析 LinkedIn 网站上的公众档案信息，进行员工的分析并销售这些分析报告。尽管 LinkedIn 公司对此十分不满，但依据规定无法阻止这种行为，可参见 https://www.bloomberg.com/news/features/2017-11-15/the-brutal-fight-to-mine-your-data-and-sell-it-to-your-boss。
- 数字营销者和数字艺术家经常使用网络上的数据进行各种有趣和创造性的项目。比如，Jonathan Harris 和 Sep Kamvar 的“We Feel Fine”，通过爬取以“I feel”短语开头的各种博客、网站，其结果可以直观地显示一天中世界上人们的感受。
- 在另一项研究中，从 Twitter、博客和其他社交媒体爬取的信息被用来构建一个数据集，从而建立一个识别抑郁症和自杀念头的预测模型。这对于援助者来说可能是一个非常宝贵的工具，当然它也需要充分考虑与隐私相关的问题（请参阅 https://www.sas.com/en_ca/insights/articles/analytics/using-big-data-to-predict-suicide-risk-canada.html）。
- Emmanuel Sales 也对 Twitter 进行了数据爬取，他的目标是了解自己的社交圈和发帖的时间轴（请参阅 https://emsal.me/blog/4）。其实他首先考虑使用 Twitter 的 API，但发现 Twitter 限制大量访问数据，如果想要获得 Twitter 上的关注列表，那么只能每 15 分钟访问 15 次，而这样的限制造成了很大的不便。
- 在一篇题为“十亿美元价格的项目：使用在线价格进行衡量和研究”的论文中（参见 http://www.nber.org/papers/w22111），使用网络爬取收集的在线价格信息数据集被用于构建多个国家稳健的日均价格指数。

- 银行和其他金融机构使用网络爬取分析竞争对手。例如，银行经常爬取竞争对手的网站，以了解其分支机构开在哪里或关闭的情况，或追踪竞争对手提供的贷款利率。所有这些都是可以纳入银行内部模型和预测的有益信息。投资公司也经常使用网络爬取来跟踪他们投资组合中资产的新闻报道。
- 社会政治科学家通过挖掘社交网站来追踪人们的情绪和政治倾向。一篇名为“Dissecting Trump's Most Rabid Online Following”的著名文章（请参阅 https://fivethirtyeight.com/features/dissecting-trumps-most-rabid-online-following/）分析了用户在 Reddit 上的讨论，使用语义分析来描述了唐纳德·特朗普的在线关注者和粉丝。
- 一位研究人员能够根据从 Tinder 和 Instagram 爬取的图像信息以及他们的“喜好”来训练深度学习模型，以预测图像是否可能会被视为“有吸引力的”（请参阅 http://karpathy.github.io/2015/10/25/selfie/）。智能手机制造商已经将这些模型纳入他们的照片应用程序中，以帮助你刷新照片。
- 在《The Girl with the Brick Earring》一书中，Lucas Woltmann 从 https://www.bricklink.com 网页中爬取乐高积木信息，以确定最佳的乐高作品图像（请参阅 http://lucaswoltmann.de/art'n'images/2017/04/08/the-girl-with-the-brick-earring.html）（本书的合著者之一是一名狂热的乐高粉丝，所以我们必须包括这个例子）。
- 在“Analyzing 1000+ Greek Wines With Python”一文中，Florese Tselai 从希腊葡萄酒商店中提取了一千种葡萄酒品种的信息（请参阅 https://tselai.com/greek-wines-analysis.html）以分析其来源、评级、类型和浓度（本书的合著者之一是狂热的葡萄酒爱好者，所以我们也要包括这个例子）。
- Lyst，一家位于伦敦的在线时尚市场，通过网络获取关于时尚产品的半结构化信息，然后应用机器学习为消费者提供这些信息，并在中心网站上显示。其他数据科学家也做了类似的收集时尚产品的项目（请参阅 http://talks.lystit.com/dsl-scraping- presentation/）。
- 我们指导了一项研究，利用网络爬取从工作网站提取信息，了解工作中不同的数据科学和相关分析工具的普及程度（剧透：Python 和 R 都在稳步上升）。
- 我们研究小组的另一项研究涉及使用网络爬取来监控新闻媒体和网络论坛，以跟踪公众对比特币的看法。

无论读者感兴趣的领域如何，总能找到一个例子可以使用数据来提升或丰富实践过程。俗话说，“数据是新石油”，而网络中有很多这样的新石油。

1.2 准备工作

1.2.1 设置

本书中将使用 Python 3 作为开发平台。读者可以从 https://www.python.org/downloads/ 下载并安装适用于本机操作系统（Windows、Linux 或 MacOS）的 Python 3 安装包。

为什么选择 Python 3 而不是 Python 2？ 根据 Python 创建者自己的说法：“Python 2 是遗留的，Python 3 是语言的现在和未来。”由于我们努力提供的是一个现在的指导，所以选择 Python 3 作为开发语言。也就是说，仍然会有 Python 2 代码存留（也许读者的工作中正在使用 Python 2），本书中提供的很多概念和示例在 Python 2 中也能很好地工作，只要你在 Python 2 代码中添加下面的 import 语句：

```
from __future__ import absolute_import, division, print_function
```

另外，还需要安装 Python 的软件包管理器 pip。如果读者已经安装的是 Python 3 的最新版本，则系统就已经安装好了 pip。但是，最好通过在命令行执行以下命令来确保 pip 是最新的：

```
python -m pip install -U pip
```

或者（如果使用的是 Linux 或 MacOS 系统的话）：

```
pip install -U pip
```

手动安装 pip 若系统中没有 pip，请参考网页链接 https://pip.pypa.io/en/stable/installing/ 将其安装到系统中（使用 get-pip.py 进行安装）。

最后，你可能还希望在系统上安装一个好用的文本编辑器来编辑 Python 代码文件。Python 已经有了一个内置的编辑器（在程序菜单中查找“Idle”），但是其他编辑器如 Notepad++、Sublime Text、VSCode、Atom 等也很好用。

1.2.2 Python 快速入门

我们假设你已经具有一定的编程经验，也许对读写 Python 代码已经比较熟悉了。如果没有，下面的概述将有助于你快速地学习 Python。

Python 代码可以通过两种方式编写和执行：

1）使用 Python 解释器 REPL（“read-eval-print-loop”），它提供了一个交互式会话，在该会话中你可以按行输入 Python 命令（read），然后对其进行解析与计算（eval），并将结果显示出来（print），重复这些步骤（loop），直到关闭该会话。

2）在“.py”文件中输入 Python 源代码，然后运行它们。

对于几乎所有的例子来说，使用正确的“.py”文件并运行这些例子是很重要的。Python 解释器 REPL 可以快速测试一个想法或用几行代码实现。要启动它，只需在命令行窗口中输入“python”，然后按回车键，如图 1-1 所示。

```
Command Prompt - python
(c) 2017 Microsoft Corporation. All rights reserved.

C:\Users\Seppe>python
Python 3.6.1 |Anaconda 4.4.0 (64-bit)| (default, May 11 2017, 13:25:24)
[MSC v.1900 64 bit (AMD64)] on win32
Type "help", "copyright", "credits" or "license" for more information.
>>>
```

图 1-1　从命令行打开 Python 解释器

三个尖括号（“>>>”）代表命令提示符，表示 Python REPL 正在等待程序命令。尝试执行以下命令：

```
>>> 1 + 1
2
>>> 8 - 1
7
>>> 10 * 2
20
>>> 35 / 5
7.0
>>> 5 // 3
1
>>> 7 % 3
1
>>> 2 ** 3
8
```

数学计算如期望的那样工作，“ //” 表示整除，“ %” 是模运算符，它返回除法后的余数，“**” 的意思是“幂指数”。

Python 支持以下数字类型：

整数（“int”），表示有符号整数值（即非小数的数），如 10、100、-700 等。

长整数（“ long”），表示有符号整数值，比标准整数占用更多的内存，因此允许更大的数字。它们是通过在末尾放置一个 “ L” 来表示，例如，53563369843L、10L、-100000000L 等。

浮点值（“float”），即小数，如 0.4、-10.2 等。

复数（“ complex”），在非数学学科中使用不广泛。它们通过在末尾放置一个 “j” 来表示，例如 3.14j、.876j 等。

除了数字，Python 还支持字符串（“str”）：由双引号或单引号括起来的文本值，以及布尔（“bool”）逻辑值：“True” 和 “False”（注意开头字母大写）。“None” 表示一个特殊值，即空值。尝试使用以下几行代码来表示这些类型：

```
>>> 'This is a string value'
'This is a string value'
>>> "This is also a string value"
'This is also a string value'
>>> "Strings can be " + 'added'
'Strings can be added'
>>> "But not to a number: " + 5
Traceback (most recent call last):
 File "<stdin>", line 1, in <module>
TypeError: must be str, not int
>>> "So we convert it first: " + str(5)
'So we convert it first: 5'
>>> False and False
False
>>> False or True
True
>>> not False
True
>>> not True
False
>>> not False and True
True
>>> None + 5
Traceback (most recent call last):
  File "<stdin>", line 1, in <module>
TypeError: unsupported operand type(s)
```

```
  for +: 'NoneType' and 'int'
>>> 4 < 3 # > also works
False
>>> 100 >= 10 # <= also works
True
>>> 10 == 10
True
>>> None == False
False
>>> False == 0
True
>>> True == 1
True
>>> True == 2
False
>>> 2 != 3
True
>>> 2 != '2'
True
```

除了最后几行之外，上面的程序实现很容易就能看懂。在 Python 中，“==”表示相等比较，因此返回 True 或 False。None 既不等于 False 也不等于 True，但 False 被认为等于 0，True 被认为等于 Python 中的 1。请注意等式和不等式运算符（“==”和“!=”）需要考虑正在比较的对象类型，因此数字 2 不等于字符串“2”。

“is”等于“==”吗？　除了“==”，Python 还提供了“is”关键字，如果两个变量指向同一个对象（它们的内容也总是相等），那么关键字将返回 True。“==”检查两个变量的内容是否相等，尽管它们可能不指向相同的对象。一般来说，“==”是你想要使用的，除了一些例外，即为了检查一个变量是否等于 True、False 或 None。所有具有此值的变量都将指向内存中的同一对象，因此，除了编写 `my_var == None` 之外，还可以编写成 `my_var is None`，可读性更强。

在 REPL 环境的交互式会话中，输入的所有结果都将立即显示在屏幕上。但是在执行 Python 文件时，情况并非如此，需要调用函数显式地在屏幕上“打印”要显示的信息。在 Python 中，可以通过 `print` 函数完成：

```
>>> print("Nice to meet you!")
Nice to meet you!
>>> print("Nice", "to", "meet", "you!")
Nice to meet you!
```

```
>>> print("HE", "LLO", sep="--")
HE--LLO
>>> print("HELLO", end="!!!\n")
HELLO!!!
```

在处理数据时，显然希望将数据用在程序的不同部分，也就是在变量中存储数字、字符串等数据。Python 简单地使用“=”运算符来进行变量赋值：

```
>>> var_a = 3
>>> var_b = 4
>>> var_a + var_b + 2
9
>>> var_str = 'This is a string'
>>> print(var_str)
This is a string
```

Python 中的字符串可以用多种不同的方式进行格式化。首先，字符串前面加上反斜杠（“\”）的字符表示所谓的“转义字符”，并表示特殊的格式化指令。在上面的例子中，例如，“\n”表示一个换行符。另一方面，“\t”代表一个制表符，“\\”仅仅是反斜杠字符本身。接下来，可以通过 format 函数格式化字符串：

```
>>> "{} : {}".format("A", "B")
'A : B'
>>> "{0}, {0}, {1}".format("A", "B")
'A, A, B'
>>> "{name} wants to eat {food}".format(name="Seppe", food="lasagna")
'Seppe wants to eat lasagna'
```

格式重载　新版本的 Python 不需要那么多的方法来格式化字符串。除了使用这里所示的格式函数之外，Python 还允许我们使用“%”操作符来格式化字符串：

```
"%s is %s" % ("Seppe", "happy")
```

Python 3.6 还增加了“\f-strings”以更简洁的方式格式化字符串：

```
f'Her name is {name} and she is {age} years old.'
```

为保持数据清晰，我们将继续使用格式化的字符串。

除了数字、布尔值和字符串之外，Python 还附带了许多内置的有用数据结构，我们将经常使用这些数据结构：列表、元组、字典和集合。

列表用于存储有序的事物序列，以下说明概述了其在 Python 中的工作方式。请注意，下面的代码片段包含了注释，它将以“#”字符开头并会被 Python 程序忽略：

```
>>> li = []
>>> li.append(1) # li is now [1]
>>> li.append(2) # li is now [1, 2]
>>> li.pop() # removes and returns the last element
>>> li = ['a', 2, False] # not all elements need to be the same type
>>> li = [[3], [3, 4], [1, 2, 3]] # even lists of lists
>>> li = [1, 2, 4, 3]
>>> li[0]
1
>>> li[-1]
3
>>> li[1:3]
[2, 4]
>>> li[2:]
[4, 3]
>>> li[:3]
[1, 2, 4]
>>> li[::2] # general format is li[start:end:step]
[1, 4]
>>> li[::-1]
[3, 4, 2, 1]
>>> del li[2] # li is now [1, 2, 3]
>>> li.remove(2) # li is now [1, 3]
>>> li.insert(1, 1000) # li is now [1, 1000, 3]
>>> [1, 2, 3] + [10, 20]
[1, 2, 3, 10, 20]
>>> li = [1, 2, 3]
>>> li.extend([1, 2, 3])
>>> li
[1, 2, 3, 1, 2, 3]
>>> len(li)
6
>>> len('This works for strings too')
26
>>> 1 in li
True
>>> li.index(2)
1
>>> li.index(200)
Traceback (most recent call last):
  File "<stdin>", line 1, in <module>
ValueError: 200 is not in list
```

元组与列表相似，但它是不可变的，这意味着元素在创建后不能添加或删除：

```
>>> tup = (1, 2, 3)
```

```
>>> tup[0]
1
>>> type((1)) # a tuple of length one has to have a comma after the
    last element but tuples of other lengths, even zero, do not
<class 'int'>
>>> type((1,))
<class 'tuple'>
>>> type(())
<class 'tuple'>
>>> len(tup)
3
>>> tup + (4, 5, 6)
(1, 2, 3, 4, 5, 6)
>>> tup[:2]
(1, 2)
>>> 2 in tup
True
>>> a, b, c = (1, 2, 3) # a is now 1, b is now 2 and c is now 3
>>> a, *b, c = (1, 2, 3, 4) # a is now 1, b is now [2, 3] and c is now 4
>>> d, e, f = 4, 5, 6 # you can also leave out the parentheses
>>> e, d = d, e # d is now 5 and e is now 4
```

集合也与列表类似，但它们存储一个唯一的和无序的项目集合，类似于数学中的集合：

```
>>> empty_set = set()
>>> some_set = {1, 1, 2, 2, 3, 4} # some_set is now {1, 2, 3, 4}
>>> filled_set = some_set
>>> filled_set.add(5) # filled_set is now {1, 2, 3, 4, 5}
>>> other_set = {3, 4, 5, 6}
>>> filled_set & other_set # intersection
{3, 4, 5}
>>> filled_set | other_set # union
{1, 2, 3, 4, 5, 6}
>>> {1, 2, 3, 4} - {2, 3, 5} # difference
{1, 4}
>>> {1, 2} >= {1, 2, 3}
False
>>> {1, 2} <= {1, 2, 3}
True
>>> 2 in filled_set
True
```

字典存储一系列唯一键和值之间的映射：

```
>>> empty_dict = {}
>>> filled_dict = {"one": 1, "two": 2, "three": 3}
>>> filled_dict["one"]
1
>>> list(filled_dict.keys())
["one", "two", "three"]
>>> list(filled_dict.values())
[1, 2, 3]
>>> "one" in filled_dict # in checks based on keys
True
>>> 1 in filled_dict
False
>>> filled_dict.get("one")
1
>>> filled_dict.get("four")
None
>>> filled_dict.get("four", 4) # default value if not found
4
>>> filled_dict.update({"four":4})
>>> filled_dict["four"] = 4 # also possible to add/update this way
>>> del filled_dict["one"] # removes the key "one"
```

最后，Python 中的控制流程也相对简单：

```
>>> some_var = 10
>>> if some_var > 1:
...   print('Bigger than 1')
...
Bigger than 1
```

请注意 if 语句之后的冒号（“:”）以及 REPL 中的三个点“…”，表示在执行给定的代码段之前预计会有更多的输出。Python 中的代码使用空白进行结构化，这意味着“if”块内的所有内容都应该使用空格或制表符来缩进。

> 缩进　有些程序员在第一次使用 Python 时发现这种空白的缩进令人沮丧，尽管它无可否认地使代码更易阅读且更整洁。请确保不要在源代码中混合使用制表符和空格！

Python 中的“`if`”块也可以包括可选的“`elif`”和“`else`”块：

```
>>> some_var = 10
>>> if some_var > 10:
...   print('Bigger than 10')
... elif some_var > 5:
...   print('Bigger than 5')
```

```
... else:
...   print('Smaller than or equal to 5')
...
Bigger than 5
```

> **易读的 if 块**　请记住零（0）整数、浮点数和复数在 Python 中都会被认为是 False。同样，空字符串、集合、元组、列表和字典也会被认为是 False，因此，可以使用简单、更易读的 `if my_list:` 代替 `if len(my_list)> 0:`。

我们已经看到了“in”操作符可以用来检查列表、元组、集合和字典的成员，这个操作符也可以用来写“for”循环：

```
>>> some_list = [1, 2, 3]
>>> some_string = 'a string'
>>> 1 in some_list
True
>>> 'string' in some_string
True
>>> for num in some_list:
... print(num)
...
1
2
3
>>> for chr in some_string:
...   print(chr)
...
a

s
t
r
i
n
g
```

为了遍历数字范围，Python 还提供了有用的内置 `range` 函数：

- `range(number)`：返回从 0 到不包括给定数字（number）的可迭代数字；
- `range(lower,upper)`：返回从第一个数字（lower）到不包括第二个数字（upper）的可迭代数字；
- `range(lower,upper,step)`：返回从第一个数字（lower）按照步长（step）递增到第二个数字（upper）的可迭代数字。

只能是整数 所有这些函数都需要将整数作为输入参数。如果要遍历小数，则必须自己定义函数。

请注意这里使用“可迭代”的概念。在 Python 中，迭代器基本上是一个“智能”列表。Python 不会立即用整列表去填充计算机的内存，而是会避免这样做，除非实际需要自己访问这些元素。这就是使用范围函数显示以下内容的原因：

```
>>> range(3)
range(0, 3)
```

将迭代转换为真正的列表很简单，只需将该值转换为明确的列表即可：

```
>>> list(range(3))
[0, 1, 2]
```

但是在循环迭代时，不需要首先明确地将迭代对象进行转换。因此，可以直接使用 `range` 函数，如下所示：

```
>>> for num in range(1, 100, 15):
...   print(num)
...
1
16
31
46
61
76
91
```

当然，Python 也有一个“while”格式的循环：

```
>>> x = 0
>>> while x < 3:
...   print(x)
...   x = x + 1
...
0
1
2
```

死循环 是否忘记添加 `x=x+1` 行？试下 `while True:`，或者是“`for`”循环是否一直在执行循环？此时，可以按下键盘上的 Ctrl+C 来执行“键盘中断”，停止当前代码块的执行。

当编写代码时，封装小的可重用代码段是一个好主意，这样它们就可以在不同的位置被调用和执行，而不必复制大量代码。这样做的一个基本方法是创建一个函数，使用“def”来定义：

```
>>> def add(x, y):
...   print("x is {} and y is {}".format(x, y))
...   return x + y  # return value
...
>>> add(5, 6)
x is 5 and y is 6
11
>>> add(y=10, x=5)
x is 5 and y is 10
15
```

这里有两个特殊的结构值得一提：“*”和“**”。这两个函数都可以用在函数定义中，以分别表示“其余的参数”和“其余的具名实参”。让我们用一个例子来说明它们是如何工作的：

```
>>> def many_arguments(*args):
...   # args will be a tuple
...   print(args)
...
>>> many_arguments(1, 2, 3)
(1, 2, 3)
>>> def many_named_arguments(**kwargs):
...   # kwargs will be a dictionary
...   print(kwargs)
...
>>> many_named_arguments(a=1, b=2)
{'a': 1, 'b': 2}
>>> def both_together(*args, **kwargs):
...   print(args, kwargs)
```

除了在方法定义中使用这些之外，还可以在调用函数时使用它们，表示将可迭代的变量作为参数或将字典作为命名参数进行传递：

```
>>> def add(a, b):
...   return a + b
...
>>> l = [1,2] # tuples work, too
>>> add(*l)
3
```

```
>>> d = {'a': 2, 'b': 1}
>>> add(**d)
3
```

最后，我们来看看如何使用源文件编写 Python 代码，而不是使用 Python REPL。创建一个名为“test.py”的文件，你可以轻松使用它并添加以下内容：

```
# test.py

def add(x, y):
  return x + y

for i in range(5):
  print(add(i, 10))
```

保存该文件，然后打开一个新的命令行窗口。你可以通过向“python”可执行文件提供它的名称来执行此文档，如图 1-2 所示：

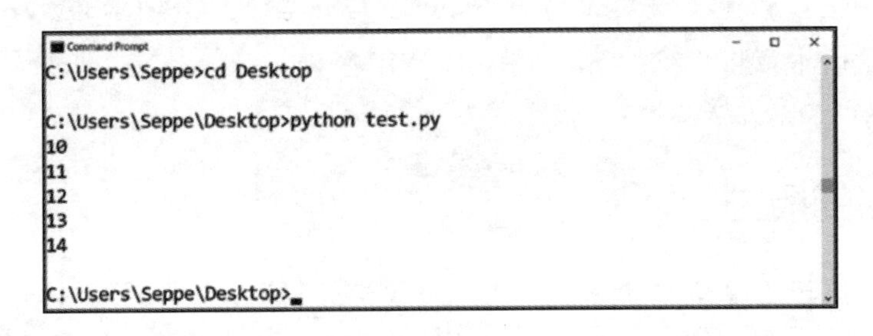

图 1-2　从命令行运行 Python 源文件（“test.py”）

Python 快速入门学习到此结束。虽然跳过了一些细节（例如类、try-except-catch 块、迭代器与生成器、继承等），但这些并不是网络爬取真正需要开始实际操作的内容。

如果读者正在寻找 Python 编程的更多资源，请查看以下链接：

- Python 3 官方文档：https://docs.python.org/3/
- 《Dive Into Python 3》：http://www.diveintopython3.net/index.html
- 《Automate the Boring Stuff with Python》：https://automatetheboringstuff.com/
- 《The Hitchhiker's Guide to Python》：http://docs.python-guide.org/en/latest/
- 《First Steps With Python》：https://realpython.com/learn/python- first-steps/

CHAPTER 02

第2章 网络传输协议 HTTP

本章将介绍构成网络的核心模块之一：超文本传输协议（HTTP），并简要介绍计算机网络知识，之后将使用 Python 的 requests 库执行 HTTP 请求并开始使用 Python 检索网站，最后本章将介绍如何在 URL 中使用参数。

2.1 网络的魔力

如今，网络已经融入我们的日常生活，而我们却很少考虑网络自身的复杂性。无论何时上网，网络都会启动一系列的协议来建立与世界上其他电脑之间的连接，并在几秒钟内检索数据。例如，一旦浏览某个网站时，如 www.google.com，网络浏览器就会开始以下一系列步骤：

1. 网络浏览器需要确定输入的 www.google.com 的 IP 地址。IP 代表“互联网协议”，是构成互联网的核心协议，因为它能通过给定的 IP 地址在连接的计算机之间定义路由和重定向通信数据包。要与 Google 的网络服务器进行通信，需要知道它的 IP 地址。但 IP 地址基本上是一串数字，记住每个网站的这些数字会比较困难，所以网络提供了一种将诸如 www.google.com 这样的域名转换为 IP 地址的机制，就像在电话簿中将电话号码和联系人关联一样。

2. 之后浏览器开始在 www.google.com 后面找出正确的 IP 地址。为此，网络浏览器将使用另一个称为 DNS（域名系统）的协议：首先，网络浏览器会检查自己的缓存（它的“短期记忆”），看你是否最近访问过这个网站。如果有，浏览器可以使用已存储的地址；如果没有，浏览器会询问底层操作系统（如 Windows）查看是否知道 www.google.com 的 IP 地址。

3. 如果操作系统也不知道这个域，那么浏览器会向你的路由器发送一个 DNS 请求，路由器是连接到互联网的机器，通常有它自身的 DNS 缓存。如果路由器也不知道正确的地址，浏览器将开始向已知的 DNS 服务器发送大量数据包，例如 Internet 服务提供商（ISP）维护的 DNS 服务器（IP 地址已知并存储在路由器中）。然后，DNS 服务器将回复一个表明 www.google.com 被映射到 IP 地址 172.217.17.68 的响应。如果 Internet 服务提供商的 DNS 服务器上没有相关记录，可能会询问其他 DNS 服务器（位于 DNS 层次结构中更高的位置）。

4. 所有这些都是为了弄清楚 www.google.com 的 IP 地址。现在浏览器可以与 Google 的网络服务器 172.217.17.68 建立连接。一些协议（协议是关于通信方之间的消息应该是什么样子的标准协议）在这里被组合在一起（如果允许，会相互交织在一起）来构造复杂的消息。在这个“洋葱”的最外面部分是 IEEE 802.3（以太网）协议，它被用来与同一网络上的机器通信。由于我们不在同一网络上通信，所以使用因特网协议 IP 来嵌入另一条消息，表示我们希望在地址 172.217.17.68 处与服务器联系。在这里面，我们发现了另一种称为 TCP（传输控制协议）的协议，它提供了一种通用的、可靠的方式来传递网络消息。该协议包含了错误检查功能并能在较小的包中分割消息，从而确保以正确的顺序传递这些数据包，同时 TCP 在丢失传输包时也会重新发送数据包。最后，在 TCP 消息中，我们发现另一个消息，根据 HTTP 协议（超文本传输协议）进行格式化，这是用于请求和接收网页的实际协议。基本上，这里的 HTTP 消息声明了我们的网络浏览器的请求：“请给我你的索引页好吗？”

5. Google 的网络服务器现在反馈一个 HTTP 响应，其中包含我们想要访问的页面内容。在大多数情况下，这些文本内容使用 HTML 进行格式化。HTML 是一种标记语言，我们稍后会详细介绍。从这些（经常是大量的）文本中，网络浏览器可以设置渲染的实际页面，或者说，确保按照 HTML 内容的指示在屏幕上整齐地显示一切。请注意，网页中通常会包含一些内容片段，网络浏览器会在后台发起新的 HTTP 请求。例如，在接收到的页面指示浏览器要显示图像的情况下，浏览器将启动另一个 HTTP 请求来获取图像内容（这看起来不像 HTML 格式的文本，而是原始的二进制数据）。因此，渲染一个网页可能涉及大量的 HTTP 请求。幸运的是，现代浏览器非常智能，只要信息进入就会开始渲染页面，并在检索时显示图像和其他视觉效果。另外，如果可能的话浏览器将尝试并行发送多个请求，以加快此进程。

有了这么多的协议、请求以及机器之间的通信，你可以在不到一秒钟的时间内查看简单的网页。为了使构成网络的大量协议标准化，国际标准化组织（ISO）维护了开放式通信系统互联参考模型（OSI），该模型将计算机通信结构分为七层：

- 第 1 层：物理层。不仅包括以太网协议，还有 USB、蓝牙和其他无线协议。
- 第 2 层：数据链路层。包含以太网协议。
- 第 3 层：网络层。包含 IP（互联网协议）协议。
- 第 4 层：传输层。TCP 协议，还包括诸如 UDP 之类的协议，为了提高速度，它们不提供 TCP 的高级错误检查和恢复机制。
- 第 5 层：会话层。包含用于打开 / 关闭和管理会话的协议。
- 第 6 层：表示层。包括格式化和翻译数据的协议。
- 第 7 层：应用层。例如 HTTP 和 DNS 网络服务协议。

并非所有网络通信都需要使用所有这些层的协议。例如，要请求一个网页，涉及第 1 层（物理层）、第 2 层（以太网协议）、第 3 层（IP 协议）、第 4 层（TCP 协议）和第 7 层（HTTP 协议），其中高层中的协议包含在低层协议的消息中。当请求一个安全的网页时，HTTP 消息（第 7 层）将被编码成一个加密的消息（第 6 层）（这是你在浏览“https”地址时发生的情况）。当在设计网络应用程序时，目标层越低，需要处理的功能和复杂性就越多。幸运的是，对于网络爬取，所感兴趣的内容位于最高层，即用于请求和接收网页的 HTTP 协议。这意味着可以忽略 TCP 协议、IP 协议以及以太网的复杂性，甚至可以将 DNS 解析到所使用的 Python 库以及底层操作系统。

2.2 超文本传输协议

现在我们已经看到了网络浏览器如何与网上的服务器进行通信。消息交换过程中的核心组件包括一个超文本传输协议（HTTP），请求消息到 Web 服务器，后面跟着一个可以被浏览器渲染的 HTTP 响应（通常也称为 HTTP 应答）。由于所有的网络爬取都将建立在 HTTP 之上，所以需要仔细研究 HTTP 消息的本质。

实际上，HTTP 协议是一个相当简单的基于文本的协议，它使消息至少对最终用户可读（与根本没有文本结构的原始二进制消息相比），并遵循简单的基于请求—响应的通信方案。也就是说，连接网络服务器并接收简单的响应只需要两个 HTTP 消息：一个请求和一个响应。如果浏览器想要下载或获取更多资源（例如图片），只需要发送额外的请求响应消息。

保持活跃 在最简单的情况下，HTTP中的每个请求—响应周期都涉及建立一个新的底层TCP连接。对于繁重的网站，建立许多TCP连接并快速连续拆分会产生很多开销，所以HTTP 1.1版本中允许保持TCP连接的“活跃”状态，以用于并发请求—响应HTTP消息。HTTP 2.0版本甚至允许在同一个连接中“复用（混合消息）”，例如发送多个并发请求。幸运的是，在使用Python时，不需要过多的关注这些细节，因为我们要使用的requests库会在后台自动处理这些问题。

现在来看看HTTP请求和响应是什么样子。如前所述，一个客户端（大多数情况下是网页浏览器）和网络服务器将通过发送纯文本消息进行通信。客户端向服务器发送请求，服务器发送响应或应答。

请求消息由以下内容组成：

- 请求行；
- 多个请求头，每个占一行；
- 空行；
- 可选的消息主体，也可以占用多行。

HTTP消息中的每一行必须以<CR> <LF>结尾（ASCII字符0D和0A）。

空行只是<CR> <LF>，没有其他额外的空格。

新的行 <CR>和<LF>是两个特殊字符，表示应该启动一个新的行。你看不出它们是怎样出现的，但是当你在例如记事本中输入一个纯文本文档时，每次按下回车键，这两个字符将被放入文档内容中以表示“一个新的行出现在这里”。令人讨厌的是操作系统并不总是固定使用哪个字符来表示新行。Linux程序倾向于使用<LF>（“换行”字符），而旧版本的MacOS使用<CR>（“回车”字符）。Windows使用<CR>和<LF>一起来表示一个新的行，它也被HTTP标准采用。不用太担心，因为Python的requests库将为我们正确地格式化HTTP消息。

下面的代码片段显示了由网络浏览器执行的完整HTTP请求消息（除了最后一行、空行之外），在每行之后，不显示“<CR> <LF>”：

```
GET / HTTP/1.1
Host: example.com
Connection: keep-alive
Cache-Control: max-age=0
```

```
Upgrade-Insecure-Requests: 1
User-Agent: Mozilla/5.0 (Windows NT 10.0; Win64; x64) AppleWebKit/537.36 ↵
     (KHTML, like Gecko) Chrome/60.0.3112.90 Safari/537.36
Accept: text/html,application/xhtml+xml,application/xml;q=0.9,*/*;q=0.8
Referer: https://www.google.com/
Accept-Encoding: gzip, deflate
Accept-Language: en-US,en;q=0.8,nl;q=0.6
<CR><LF>
```

让我们仔细看看这条消息。“GET/HTTP/1.1”是请求行。它包含想要执行的HTTP命令（上例中的“GET”）、想要检索的URL(“/”)以及HTTP版本（“HTTP/1.1”）。不要太担心“GET”这个动词。HTTP有许多动词（我们将在后面讨论）。现在，知道“GET”意味着这一点很重要：“为我获取此URL的内容”。每当在地址栏中输入一个URL并按下回车键时，浏览器就会执行GET请求。

接下来是请求头，每条占一行。在这个例子中，我们有不少这样的。请注意，每个请求头包括一个名称（例如“Host”），后跟一个冒号（“:”）和请求头的实际值（“example.com”）。浏览器在其头文件中包含的内容非常多，如Chrome（这里使用的网络浏览器也不例外）。

HTTP标准中包含一些标准化的头文件，这些头文件将被适当的网页浏览器使用，但你也可以自由添加额外的头文件。例如，“Host”是HTTP 1.1和更高版本中的标准化和强制性头。它在HTTP 1.0（第一个版本）中没有出现的原因很简单：那时，每个网络服务器（其IP地址）负责为一个特定的网站提供服务。如果我们将“GET/HTTP/1.1”发送给负责“example.com”的网络服务器，服务器就知道要取出和返回哪个页面。然而，没经过很长时间就出现了以下聪明的想法：为什么不在同一个服务器上使用相同的IP地址来服务于多个网站呢？例如，负责“example.com”的同一服务器也可能是属于“example.org”的一个服务页面。但是，需要一种方法来告诉服务器我们想从哪个域名检索页面。在请求行中包括域名可能是一个很好的主意，例如“GET example.org/HTTP/1.1”，但这会破坏与早期网络服务器的兼容性，后者期望在请求中是没有域名的URL。然后以强制“Host”请求头的形式提供解决方案，指出服务器应从哪个域名检索页面。

错误的Host　不要自作聪明向负责“example.com”的网络服务器发送请求，并将“Host”请求头更改为“Host: somethingentirely-different.com”。网络服务器会报错，并简单地发回一个错误页面，声明：“嘿，我不是托管该域名的服务器。”这就是说，通过假冒请求头混淆和误导服务器时，服务器可以区分是否安全。

除了强制的“Host”请求头之外，还可以看到出现了许多其他的请求头，形成了一组“标准化请求头”，这不是强制性的，尽管所有现代的网络浏览器都包含了这些请求头。例如，“Connection: keep-alive”，与服务器建立持续连接后，在连接期间可以处理后续的多个请求。“User-Agent”包含一个大的文本值，浏览器通过它快速地通知服务器（Chrome）它是什么，以及它运行的哪个版本。

User-Agent 混乱 此时，你也许注意到“User-Agent”请求头包含“Chrome”，但也有很多附加的看似不相关的文本，比如“Mozilla”“AppleWebKit”等。这是 Chrome 伪装自己并冒充其他浏览器吗？从某种意义上说，它不是唯一的浏览器。问题是：当“User-Agent”请求头出现时，浏览器开始发送它们的名字和版本，一些网站所有者认为检查这个请求头并根据页面的不同版本进行响应是一个好主意，例如，告诉用户此服务器不支持“Netcape4.0”。负责这些检查的常规程序通常是以一种随意的方式实现的，因此在运行某些未知浏览器时会出现错误并关闭，或者无法正确地检查浏览器的版本。因此，浏览器供应商多年来毫无办法，也无法在 User-Agent 请求头中包含许多其他文本。浏览器通常会说“我是 Chrome，但我也和所有其他浏览器兼容，所以请让我通过。”

“Accept”告诉服务器浏览器希望返回内容的形式，并且“Accept-Encoding”告诉服务器浏览器还能够恢复压缩内容。“Referer”请求头（故意拼写错误）告诉服务器从浏览器中访问哪个页面（在这种情况下，点击了“google.com”上的链接，将发送到“example.com”）。

礼貌的请求 即使网络浏览器尝试使用礼貌的行为，例如，告诉网络服务器它接受的内容形式，但不能保证网络服务器实际上会查看这些请求头或对它们进行跟踪。浏览器可能在它的“Accept”请求头中表示它理解“Webp”图像，但是网络服务器可以忽略这个请求并把图像以“jpg”或“png”的形式发送回来。不过，请将这些请求头看作是礼貌的请求吧，仅此而已。

最后，请求消息以一个空的 <CR> <LF> 行结束，并且没有任何消息体。这些不包含在 GET 请求中，但是稍后我们会看到 HTTP 消息将在此消息体中发挥作用。

如果一切顺利，网络服务器将处理我们的请求并发送 HTTP 响应。这些看起来与 HTTP 请求非常相似，并且包含：

- 一个状态行，包括状态码和状态消息；
- 多个响应头，每个占一行；
- 空行；
- 一个可选的消息体。

因此，在请求之后会得到以下响应：

```
HTTP/1.1 200 OK
Connection: keep-alive
Content-Encoding: gzip
Content-Type: text/html;charset=utf-8
Date: Mon, 28 Aug 2017 10:57:42 GMT
Server: Apache v1.3
Vary: Accept-Encoding
Transfer-Encoding: chunked
<CR><LF>
<html>
<body>Welcome to My Web Page</body>
</html>
```

再次逐行查看 HTTP 响应。第一行表示请求的状态结果，列出了服务器理解的 HTTP 版本（“HTTP/1.1”）、状态代码（“200”）和状态消息（“OK”）。如果一切顺利，状态将是 200。有许多协议的 HTTP 状态代码，稍后将仔细解释。你可能熟悉其中的 404 状态消息，表明请求中列出的 URL 不能被检索，也就是说，在服务器上找不到。

接下来是来自服务器的请求头。就像网络浏览器一样，服务器可以提供很多内容，并且可以包含尽可能多的请求头。在这里，服务器在其头文件中包含当前的日期和版本（“Apache v1.3”）。另一个重要的请求头是“Content-Type”，因为它将为浏览器提供响应中包含的内容信息。这里，它是 HTML 文本，但它也可能是二进制图像数据、影片数据等。

请求头后面是一个空白的 <CR><LF> 行和一个可选的消息主体，其中包含响应的实际内容。在这里，内容是一串包含“Welcome to My Web Page”的 HTML 文本。这个 HTML 内容将被你的网页浏览器解析并在屏幕上可视化。同样，消息体是可选的，但是由于大多数请求都会返回内容，所以几乎都会出现消息体。

消息体　即使回复的状态码是 404，许多网站也会包含一个消息体，为用户提供一个漂亮的页面，表示“抱歉，这个页面无法找到”。如果服务器退出，网络浏览器将仅显示默认的“Page not found”页面。还有其他一些情况，HTTP 响应不包括消息正文，稍后将对此进行讨论。

2.3　Python 中的 HTTP——Requests 库

现在我们已经了解了关于 HTTP 的基础知识，所以可以开始使用 Python 代码操作了。回想一下网络爬取的主要目的：以自动方式从网页中检索数据。我们基本上抛弃了网络浏览器，而是使用一个 Python 程序来浏览网页。这意味着 Python 程序需要能够识别和理解 HTTP。

当然，可以尝试在 Python（或其他语言）中已经内置的标准网络功能之上进行编程，以确保格式化 HTTP 请求消息，并能够解析传入的响应。其实，并不需要重新编程，因为已经有很多 Python 库可以实现该功能。通过使用这些 Python 库可以专注于要实现的目标。

事实上，Python 生态系统中有相当多的库可以处理 HTTP，例如：

- Python 3 带有一个名为“urllib”的内置模块，可以处理所有 HTTP 事件（见 https://docs.python.org/3/library/urllib.html）。与 Python 2 中的对应部分相比，该模块有大量修改，其中 HTTP 功能分解为“urllib”和“urllib2”，并且使用起来有点繁琐。
- “httplib2”（见 https://github.com/httplib2/httplib2）：一个小型、快速的 HTTP 客户端库。最初由 Googler Joe Gregorio 开发，现在是由社区支持。
- “urllib3”（见 https://urllib3.readthedocs.io/）：Python 强大的 HTTP 客户端，供下面的 requests 库使用。
- “requests”（见 http://docs.python-requests.org/）：为 Python 构建的一个优雅而简单的 HTTP 库，它是为“人类”而构建的。
- “grequests”（见 https://pypi.python.org/pypi/grequests）：它扩展了异步处理、并发 HTTP 请求的功能。
- “aiohttp”（见 http://aiohttp.readthedocs.io/）：另一个专注于异步 HTTP 的库。

本书将使用“requests”库来处理 HTTP。原因很简单：尽管“urllib”提供了可靠的 HTTP 功能（特别是与 Python 2 中的情况相比），但使用它通常会涉及大量样板代码，使得模块使用起来不方便，且可读性差。与“urllib”相比，“urllib3”（不是标准Python模块的一部分）扩展了Python中有关HTTP的一些高级功能，但还是不够优雅或简洁。这也是“requests”的来源。这个库建立在“urllib3”的基础之上，但它允许你在代码中处理大多数HTTP用例，这些代码简短、美观且易于使用。“grequests”和“aiohttp”都是更现代化的库，旨在使Python与HTTP更加异步。对于非常重要的应用程序来说，这一点变得尤为关键，因为你必须尽可能快地完成大量HTTP请求。在接下来的内容中，我们会继续使用“requests”库，因为异步编程本身就是一个相当具有挑战性的话题，我们将讨论更加传统的方法，以一种稳定的方式加速网络爬取程序。如果你希望稍后再从“requests”到“grequests”或“aiohttp”（或其他库）应该不会太难。

安装“requests”库可以通过pip完成（如果需要设置Python 3和pip，请参阅第1.2.1节）。在命令行窗口中执行以下命令（“-U”参数将确保将已有版本的“requests”库更新到最新版本）：

```
pip install -U requests
```

接下来，创建一个Python文件（文件名为：“firstexample.py”），并输入以下内容：

```python
import requests

url = 'http://www.webscrapingfordatascience.com/basichttp/'
r = requests.get(url)
print(r.text)
```

如果一切顺利，当执行此脚本时，应该会看到下面一行内容：

```
Hello from the web!
```

Webscrapingfordatascience.com? www.webscrapingfordatascience.com是本书的配套网站。在本书中，我们将使用本网站上的页面来展示各种例子。由于网络是一个快速变化的地方，我们确保本书中提供的示例能够尽可能长地工作。不要担心现在的例子都是假设的例子，在最后一章中会有各种现实生活中的例子。

让我们来看看在这个简短例子中发生了什么：

- 首先，导入requests模块。如果已在系统上正确安装requests，则导入行无任何错误或警告即可正常工作。

- 检索 http://www.webscrapingfordatascience.com/basichttp/ 的内容。尝试在浏览器中打开此网页，会在页面上看到“Hello from the web!”。这就是我们要使用 Python 提取的内容。
- 使用 `requests.get` 方法对提供的 URL 执行“HTTP GET”请求。在最简单的情况下，只需要提供想要检索页面的 URL。requests 将确保根据之前看到的格式来格式化一个正确的 HTTP 请求消息。
- `requests.get` 方法返回一个 `requests.Response` 的 Python 对象，其中包含许多关于检索到的 HTTP 响应的信息。同样，requests 负责解析 HTTP 响应，以便你可以立即开始使用它。
- `r.text` 以文本形式包含 HTTP 响应的内容主体。这里，HTTP 响应主体简单地包含了“Hello from the web!”

一个更通用的请求　我们现在只处理 HTTP GET 请求，但 `requests.get` 方法将成为即将出现示例的基础。稍后，我们还会处理其他类型的 HTTP 请求，例如 POST。每个请求中都有相应的方法，例如 `requests.post`。还有一个通用的请求方法，它看起来像这样：`requests.request('GET',url)`。这有点长，但是如果你事先不知道要做什么类型的 HTTP 请求（GET 或者其他的），那么它可能会派上用场。

让我们再进一步展开这个例子，看看下面发生了什么：

```
import requests

url = 'http://www.webscrapingfordatascience.com/basichttp/'
r = requests.get(url)

# Which HTTP status code did we get back from the server?
print(r.status_code)
# What is the textual status code?
print(r.reason)
# What were the HTTP response headers?
print(r.headers)
# The request information is saved as a Python object in r.request:
print(r.request)
# What were the HTTP request headers?
print(r.request.headers)

# The HTTP response content:
print(r.text)
```

如果运行这段代码，你将看到以下结果：

```
200
OK
{'Date': 'Wed, 04 Oct 2017 08:26:03 GMT',
 'Server': 'Apache/2.4.18 (Ubuntu)',
 'Content-Length': '20',
 'Keep-Alive': 'timeout=5, max=99',
 'Connection': 'Keep-Alive',
 'Content-Type': 'text/html; charset=UTF-8'}
<PreparedRequest [GET]>
{'User-Agent': 'python-requests/2.18.4',
 'Accept-Encoding': 'gzip, deflate',
 'Accept': '*/*',
 'Connection': 'keep-alive'}
Hello from the web!
```

- 回想一下之前关于 HTTP 请求和响应的讨论。通过使用 `request.Response` 对象的 `status_code` 和 `reason` 属性，可以检索从服务器获取的 HTTP 状态代码和相关文本消息。这里，状态代码和“200 OK”的消息表明一切顺利。
- `request.Response` 对象的 `headers` 属性返回 HTTP 响应中包含的服务器头的内容。再强调一次：服务器头的内容很多。该服务器报告其数据、服务器版本，并提供“Content-Type”请求头。
- 要获取被触发的 HTTP 请求的信息，可以访问 `request.Response` 对象的 `request` 属性。这个属性本身是一个 `request.Request` 对象，包含有关已准备的 HTTP 请求的信息。
- 由于 HTTP 请求消息还包含请求头信息，因此可以访问此对象的 `headers` 属性，并获取表示请求所包含的请求头信息的字典。请注意，默认情况下请求报告其“User-Agent”。另外，请求也可以自动处理压缩页面，因此它还包含一个“Accept-Encoding”的请求头来标识。最后，它包含一个“Accept”的请求头，表示“任何格式都可以回送”，并且可以处理“保持活跃”的连接。稍后我们将看到需要重写请求的默认请求头的情况。

2.4　带参数的 URL 查询字符串

下面讨论 HTTP 中的一个基本要素：URL 参数。尝试调整上面的代码示例爬取 URL http://www.webscrapingfordatascience.com/paramhttp/。可以得到以下内容：

```
Please provide a "query" parameter
```

尝试在网络浏览器中打开此页面以验证你是否获得了相同的结果。现在尝试导航到页面 http://www.webscrapingfordatascience.com/paramhttp/?query=test。你看到了什么？

URL 中的可选“?...”部分称为“查询字符串”，它意味着包含不符合 URL 普通层次结构的数据。例如，在浏览网页时可能曾多次遇到过此类 URL：

- `http://www.example.com/product_page.html?product_id=304`
- `https://www.google.com/search?dcr=0&source=hp&q=test&oq=test`
- `http://example.com/path/to/page/?type=animal&location=asia`

网络服务器是个很聪明的软件。当服务器接收到这种 URL 的 HTTP 请求时，它可能会运行一个程序，该程序使用查询字符串中包含的参数——“URL 参数”来呈现不同的内容。比较 http://www.webscrapingfordatascience.com/paramhttp/?query=test 和 http://www.webscrapingfordatascience.com/paramhttp/?query=anothertest。即使对于这个简单的页面，也可以看到结合 URL 中提供的参数数据，页面如何动态地响应。

URL 中的查询字符串应符合以下约定：

- 查询字符串出现在 URL 的末尾，从一个问号“?”开始；
- 参数以键值对的形式提供，并用 & 符号分隔；
- 键和值用等号“=”分隔；
- 由于某些字符不能成为 URL 的一部分或具有特殊含义（例如字符“/”、“?”、“&”和“=”），因此需要应用 URL“encoding”来正确地格式化这些字符。尝试使用 URL http://www.webscrapingfordatascience.com/paramhttp/?query=another%20test%3F%26，它将“another test?&”作为“query”参数的值，并将其以一种编码的形式发送给服务器；
- 其他精确的语义没有被标准化。通常，网络服务器不会考虑指定 URL 参数的顺序，尽管一些服务器可能这么做。网络服务器也能够处理 URL 参数没有值的页面，例如 http://www.example.com/?noparam=&anotherparam。由于完整的 URL 包含在 HTTP 请求的请求行中，网络服务器可以决定如何解析和处理这些请求。

URL 重写 后面这句话强调了 URL 参数的另一方面：即使它们是标准化的，它们也不被视为 URL 的“特殊”部分，它只是在 HTTP 请求中作为纯文本行发送。

大多数网络服务器都会在后端进行解析，以便在呈现页面时使用相关信息，而未使用时则忽略它们，如 URL http://www.webscrapingfordatascience.com/paramhttp/?query=test&other=ignored。但是近年来,URL 参数的使用在某种程度上被避免了。相反，大多数网络框架允许定义“外观漂亮”的 URL，它只包含 URL 路径中的参数，例如“/product/302/”，而不是“products.html?p=302”。前者的 URL 人们看起来很直观，而搜索引擎优化（SEO）人员也会告诉你，搜索引擎也更喜欢这样的 URL。在服务器端，任何传入的 URL 都可以根据需要进行解析，从中取出片段并“重写”它。因为调用这种 URL，某些部分可能最终在准备答复时被用作输入。对于网络爬取工具来说，这基本上意味着即使在 URL 中看不到查询字符串，服务器仍然可能会以不同的方式响应 URL 中的动态部分。

让我们来看看如何处理请求中的 URL 参数。处理这些问题最容易的方法是将它们包含在 URL 中：

```
import requests

url = 'http://www.webscrapingfordatascience.com/paramhttp/?query=test'
r = requests.get(url)

print(r.text)
# Will show: I don't have any information on "test"
```

在某些情况下，requests 会尝试编码一些字符：

```
import requests

url = 'http://www.webscrapingfordatascience.com/paramhttp/?query=a query
with spaces'
r = requests.get(url)
# Parameter will be encoded as 'a%20query%20with%20spaces'
# You can verify this be looking at the prepared request URL:
print(r.request.url)
# Will show [...]/paramhttp/?query=a%20query%20with%20spaces

print(r.text)
# Will show: I don't have any information on "a query with spaces"
```

然而，有时 URL 太模糊，以至于 requests 无法理解：

```
import requests

url = 'http://www.webscrapingfordatascience.com/paramhttp/?query=complex?&'

# Parameter will not be encoded
```

```
r = requests.get(url)

# You can verify this be looking at the prepared request URL:
print(r.request.url)
# Will show [...]/paramhttp/?query=complex?&

print(r.text)
# Will show: I don't have any information on "complex?"
```

在这种情况下，requests 不确定你的意思是“?&”属于实际的网址，还是你想对其进行编码。因此，requests 将不会执行任何操作，只按原样请求 URL。在服务器端，这个特定的网络服务器能够推导出第二个问号（“?”）应该是 URL 参数的一部分，并且应该已经被正确编码，但是“&”符号在这种情况下太模糊了。这里，网络服务器假定它是一个普通的分隔符，而不是 URL 参数值的一部分。

那么，怎么样才能妥善解决这个问题呢？第一种方法是使用“urllib.parse”函数 quote 和 quote_plus。前者意在 URL 的部分路径中编码特殊字符，并使用百分号“%XX”编码特殊字符（包括空格）。后者也是执行相同的操作，但用加号替换空格，它通常用于编码查询字符串：

```
import requests
from urllib.parse import quote, quote_plus

raw_string = 'a query with /, spaces and?&'
print(quote(raw_string))
print(quote_plus(raw_string))
```

这个例子将打印出这两行：

```
a%20query%20with%20/%2C%20spaces%20and%3F%26
a+query+with+%2F%2C+spaces+and%3F%26
```

quote 函数应用百分号编码，但保留斜杠（“/”）的完整性（至少为默认设置），因为此函数用于 URL 路径。quote_plus 函数确实应用了类似的编码，但使用加号（“+”）来对空格进行编码，并且还将对斜杠进行编码。只要确保查询参数不使用斜线，这两种编码方法都可用于编码查询字符串。如果查询字符串确实包含了斜杠，并且如果想要使用引号，可以简单地重写它的 safe 参数，如下所示：

```
import requests
from urllib.parse import quote, quote_plus

raw_string = 'a query with /, spaces and?&'
url = 'http://www.webscrapingfordatascience.com/paramhttp/?query='
```

```
print('\nUsing quote:')
# Nothing is safe, not even '/' characters, so encode everything
r = requests.get(url + quote(raw_string, safe=''))
print(r.url)
print(r.text)
print('\nUsing quote_plus:')
r = requests.get(url + quote_plus(raw_string))
print(r.url)
print(r.text)
```

这个例子将会打印出：

```
Using quote:
http://[...]/?query=a%20query%20with%20%2F%2C%20spaces%20and%3F%26
I don't have any information on "a query with /, spaces and?&"

Using quote_plus:
http://[...]/?query=a+query+with+%2F%2C+spaces+and%3F%26
I don't have any information on "a query with /, spaces and?&"
```

这些杂乱编码让人感到头痛。难道服务器不应该处理这个问题吗？不用担心，可以使用 requests 重写上面的示例，如下所示：

```
import requests

url = 'http://www.webscrapingfordatascience.com/paramhttp/'

parameters = {
    'query': 'a query with /, spaces and?&'
    }

r = requests.get(url, params=parameters)

print(r.url)
print(r.text)
```

请注意 requests.get 方法中 params 参数的用法：可以用非编码的 URL 参数传递 Python 字典，requests 将负责编码。

> 空参数和有序的参数　例如，参数“params={'query'：''}”将以包含等号的 URL 结尾，即“?query=”。如果需要，也可以传递一个列表给 params，每个元素都是元组或列表本身，每个参数都有两个元素分别代表每个参数的键和值，在这种情况下，列表的顺序是很重要的。你也可以传递一个 OrderedDict 对象（Python 3 中“collections”模块提供的内置对象），它将保留参数的排序。最后，你还可以传递一个表示查询字符串部件的字符串。在这种情况下，请求会预先为

你添加问号（“?”），但会再次无法提供智能的 URL 编码，这样就需要确保查询字符串被正确编码。虽然这并不常用，但在网络服务器期望“?param”在最后没有等号的情况下，这可以派上用场。这在实践中很少发生，但是会发生。

重写 requests　当传递一个字符串给 params，或者在 requests.get 方法中包含完整的 URL，requests 会尝试编码。例如：

```
requests.get('http://www.example.com/?spaces |pipe')
```

将使你最终以“?spaces%20%7Cpipe”作为请求 URL 中的查询字符串，并为你编码空格和竖线分隔（“|”）字符。在极少数情况下，挑剔的网络服务器可能会期望 URL 进入解码状态。同样，这些情况非常罕见，但我们遇到过这种情况。在这种情况下，你需要重写 requests，如下所示：

```
import requests
from urllib.parse import unquote

class NonEncodedSession(requests.Session):
  # Override the default send method
  def send(self, *a, **kw):
    # Revert the encoding which was applied
    a[0].url = unquote(a[0].url)
    return requests.Session.send(self, *a, **kw)
    my_requests = NonEncodedSession()
    url = 'http://www.example.com/?spaces |pipe'
    r = my_requests.get(url)
    print(r.url)
    # Will show: http://www.example.com/?spaces |pipe
```

作为最后的练习，请前往 http://www.webscrapingfordatascience.com/calchttp/。使用“a”、“b”和“op”作为 URL 参数，你应该能够弄清楚下面的代码是怎么做的：

```
import requests

def calc(a, b, op):
    url = 'http://www.webscrapingfordatascience.com/calchttp/'
    params = {'a': a, 'b': b, 'op': op}
    r = requests.get(url, params=params)
    return r.text

print(calc(4, 6, '*'))
print(calc(4, 6, '/'))
```

如上所示，你可能会觉得尝试使用现实生活中的网站来测试所学到的知识会更得心应手。然而，在我们准备使用实际的网站之前还有另一个障碍。例如，当运行下列内容时会发生什么：

```
import requests

url = 'https://en.wikipedia.org/w/index.php' + \
      '?title=List_of_Game_of_Thrones_episodes&oldid=802553687'
r = requests.get(url)
print(r.text)
```

维基百科版本 我们在这里使用“oldid”作为 URL 参数，这样我们就可以获得“List of Game of Thrones episodes”页面的特定版本，以确保我们后续的示例能够继续工作。顺便说一句，在这里你可以看到“URL 重写”的作用：https://en.wikipedia.org/wiki/List_of_ Game_of_Thrones_episodes 和 https://en.wikipedia.org/w/index.php?title=List_of_Game_of_Thrones_episodes 出现的是完全相同的页面。不同之处在于后者使用 URL 参数，而前者没有。维基百科的网络服务器很聪明，可以将 URL 路由到适当的“页面”。另外，你可能会注意到我们在这里没有使用 `params` 参数。实际上我们是可以使用的，尽管“title”和“oldid”参数都不需要在这里编码，我们可以将它们放到 URL 本身中，以使代码的其余部分更短一些。

正如所看到的，`r.text` 的响应输出了大量令人困惑的文本。这是 HTML 格式的文本，虽然我们正在寻找的内容被隐藏在这个文本的内部，但需要使用正确的方法从中获取想要的信息。这正是下一章要做的。

片段标识符 除了查询字符串外，实际上还有另一个你可能遇到过的 URL 可选部分：片段标识符，或者说“hash”，有时会被这么叫。片段标识符由一个 hash 标记（“#”）作为前缀，并位于 URL 的末尾，甚至在查询字符串后面，例如“http://www.example.org/about.htm?p=8#contact”。URL 的这一部分是为了识别与 URL 相对应的文档的一部分。例如，一个网页可以包含一个链接，其中包含一个片段标识符，如果点击它，就会立即将视图滚动到页面的相应部分。然而，片段标识符的功能与 URL 的其余部分不同，因为它由网络浏览器专门处理，而不是靠网络服务器。事实上，当从网络服务器获取资源时，适当的网络浏览器甚至不应该在它们的 HTTP 请求中包含片段标识符。相反，浏览器会一直等到网络服务器发送它的响应信息，然后它会使用片段标识符滚动到页面的正确部分。如果你将它包含在请求 URL 中，大多数网络服务器会忽略片段标识符，尽管有些程序可能会被设定为考虑它们。再次说明：这是非常罕见的，虽然网络充满了极端情况，但这样的服务器提供的内容不会被大多数网络浏览器查看，因为它们在请求中忽略片段标识符。

现在我们已经学习了 requests 库的基础知识，但还需要花些时间来学习 http://docs.python-requests.org/en/master/ 上提供的可用库的文档。requests 文档非常有用，一旦在项目中开始使用库，很可能需要引用它。

CHAPTER 03

第3章

HTML和CSS

到目前为止，我们已经讨论了HTTP的基础知识以及如何使用requests库在Python中执行HTTP请求。但是，大多数网页都使用了超文本标记语言（HTML）进行格式化，因此需要了解如何从这些网页中提取信息。本章将介绍HTML，以及另一个用于格式化网络页面外观的核心构建块：层叠样式表（CSS）。随后介绍Beautiful Soup库，它将有助于我们理解HTML和CSS。

3.1 超文本标记语言HTML

前一章介绍了HTTP的基础知识，并且指出了如何使用requests库在Python中执行HTTP请求，但是现在需要找出解析HTML内容的方法。回想一下第2章末尾的维基百科例子以及从中得到的HTML内容：

```
import requests

url = 'https://en.wikipedia.org/w/index.php' + \
      '?title=List_of_Game_of_Thrones_episodes&oldid=802553687'

r = requests.get(url)
print(r.text)
```

也许你已经尝试用自己喜欢的一些网站来运行这个例子。无论怎样，一旦你进一步开始了解网络的工作方式，并开始使用网络爬取，你将会惊奇于网络浏览器做的所有事情：取出网页、将其内容转换为格式很好的页面，包括图像、动画、样式、视频等。这一点可能会让人感到非常恐惧。幸运的是，不需要从头开始复制网络浏览器做的所有事情。和HTTP一样，我们将使用一个功能强大的Python库来帮助我们解决文本混乱的问题。而且，与网络浏览器相反，我们不希望提取完整页面的内容并进行渲染，而只是提取感兴趣的部分。

如果运行上面的示例，将在屏幕上打印如下内容：

```
<!DOCTYPE html>
<html class="client-nojs" lang="en" dir="ltr">
<head>
<meta charset="UTF-8"/>
<title>List of Game of Thrones episodes - Wikipedia</title>
[...]
</html>
```

这就是超文本标记语言（HTML），它是用于创建网页的标准标记语言。虽然有些人将 HTML 称为“编程语言”，但“标记语言”是一个更合适的术语，因为它指定了文档的结构和格式。我们在第 2 章中处理的所有例子都只是返回了简单的文本页面，因此，没有必要使用 HTML 格式化网页。但是，如果想在浏览器中创建视觉上吸引人的页面（即使只是在页面上添加一些颜色），HTML 也是一种可行的方法。

HTML 通过一系列“标签”来为文档提供结构和格式。HTML 标签通常成对出现，并用尖括号括起来，其中“<tagname>”是开始标签，“</tagname>”表示结束标签。有些标签不以成对的形式出现，并且不需要结束标签。一些常用的标签如下：

- `<p>...</p>` 定义段落；
- `<br>` 设置换行符；
- `<table>...</table>` 在内部定义 HTML 表格，`<tr>...<tr/>` 定义表格的行，`<td>...</td>` 定义表格单元；
- `<img>` 定义图像；
- `<h1>...</h1>` 至 `<h6>...</h6>` 定义标题；
- `<div>...</div>` 表示 HTML 文档中的分隔，用于对文档内容分区；
- `<a>...</a>` 定义超链接；
- `<ul>...</ul>`、`<ol>...</ol>` 分别为定义无序和有序列表，在这些内部，`<li>...</li>` 用于定义列表项目。

标签可以嵌套在一起，所以“`<div> <p> Hello </p> </div>`”是完全有效的，尽管重叠嵌套如“`<div> <p> Oops </div> </p>`”不是有效的 HTML，

但每个网络浏览器都会尽可能地解析和呈现HTML页面。如果网页浏览器要求所有网页都根据HTML标准进行格式化，则可以确信大多数网站都会出错，因为HTML文档的格式很混乱。

成对出现的标签包含一些内容。例如“`<a>click here</a>`”将在浏览器中呈现“click here”作为超链接。标签也可以有属性，这些属性放在开始标签的内部。例如，当点击链接时，“`<a href="http://www.google.com"> click here </a>`”会将用户重定向到Google的主页。因此“href”属性表示链接的网址。对于没有成对出现的图片标签，“src”属性用于指示浏览器应该检索的图片的URL，例如“`<img src= “http://www.example.com/image.jpg">`”。

3.2 将浏览器用作开发工具

不必因上述学习的内容进行得较快而担心，后面通过例子将会更详细地介绍HTML。在继续学习之前，以下是一些在构建网络爬取时能够派得上用场的技巧。

如今大多数网络浏览器都包含一个强大的工具包，可以使用它来了解有关HTML和HTTP的内容。假设使用Google的Chrome浏览器，在浏览器中浏览维基百科页面https://en.wikipedia.org/w/index.php?title=List_of_Game_of_Thrones_episodes&oldid=802553687。首先，了解如何查看此页面的底层HTML文档是很有帮助的。为此，可以右键单击页面并点击“View source”，或者直接在Google Chrome中按Ctrl + U。此时，将打开一个新页面，其中包含当前页面的原始HTML内容（与使用`r.text`返回的内容相同）。如图3-1所示。

此外，你可以打开Chrome的“Developer Tools”。或者选择浏览器窗口右上角的Chrome菜单，然后选择“Tools”“Developer Tools”或按Ctrl + Shift + I，也可以右键单击任意页面元素并选择“Inspect Element”。其他浏览器（例如Firefox和Microsoft Edge）也内置了类似的工具。此时，应该看到如图3-2所示的界面。

更多内容 需要一些时间来探索Developer Tools窗格。该窗格可能出现在浏览器窗口的底部。如果希望将其放在右侧，请查找带有三点冒号图标（三冒号）的菜单，然后选择不同的“Dock side”。

Developer Tools窗格通过一系列选项卡进行组织，其中“Elements”和“Network”最有用。

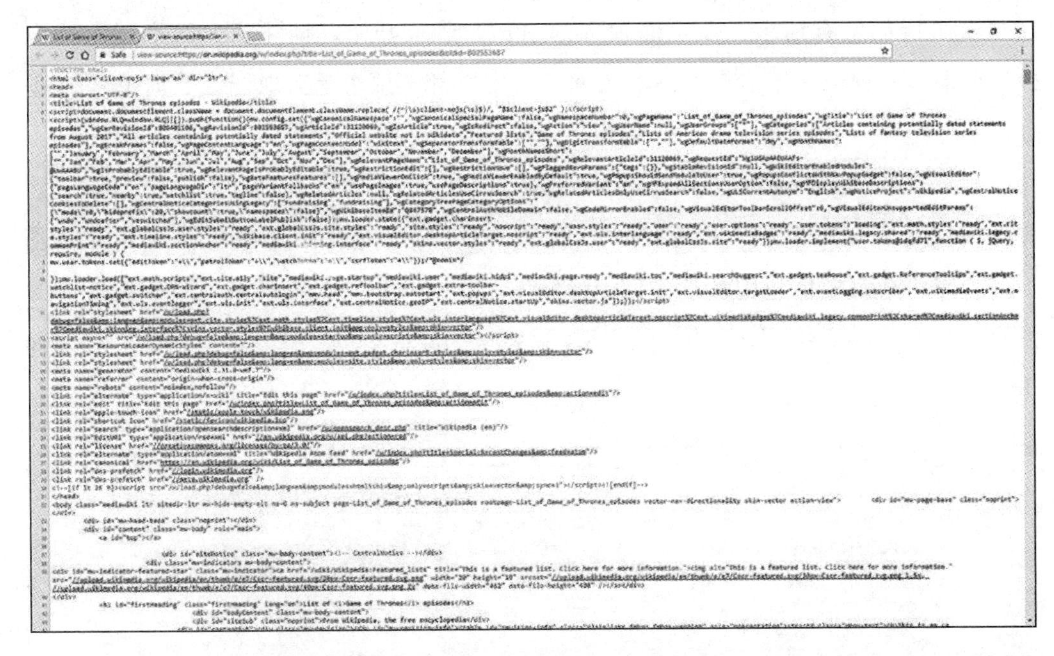

图 3-1　在 Chrome 中查看页面的源代码

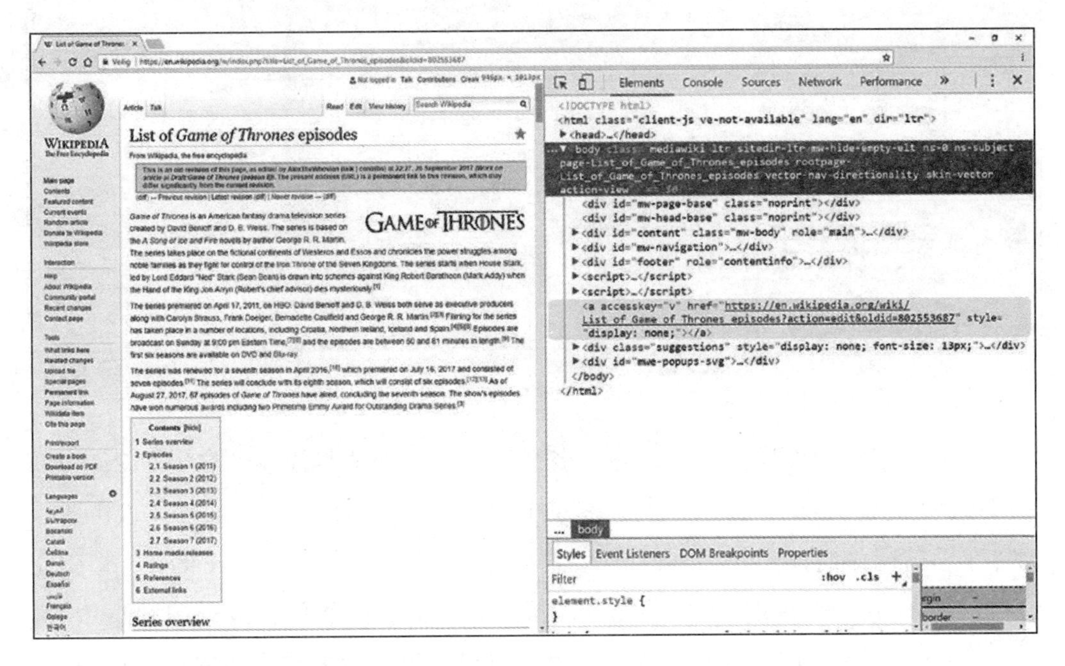

图 3-2　Chrome 的 Developer Tools 窗口包含许多有用的网络爬取工具

先来看 Network 标签。你应该在工具栏中看到一个红色的“recording”图标，指示 Chrome 正在跟踪网络请求（如果图标未点亮，请点击该图标开始跟踪）。刷新维基百科页面，查看“Developer Tools”窗格中发生的情况：Chrome 开始记录它正在执行的所有请求，从页面顶部的 HTTP 请求开始。请注意，网络浏览器也提出了很多其他请求来渲染实际的页面，其中大部分请求是获取图像数据（“Type: png”）。点击一个请求，就可以看到更多关于它的信息。例如点击顶部的“index.php”请求，可以获得如图 3-3 所示的内容。选中一个请求会打开另一个窗格，该窗格提供了大量的信息，现在你已经使用过 HTTP，这些信息应该已经非常熟悉了。例如，在侧面窗格中选择了“Headers”选项卡，我们可以看到服务器发回的信息，包括 Request URL、Request Method 和 Status Code、以及完整的 Response Headers。

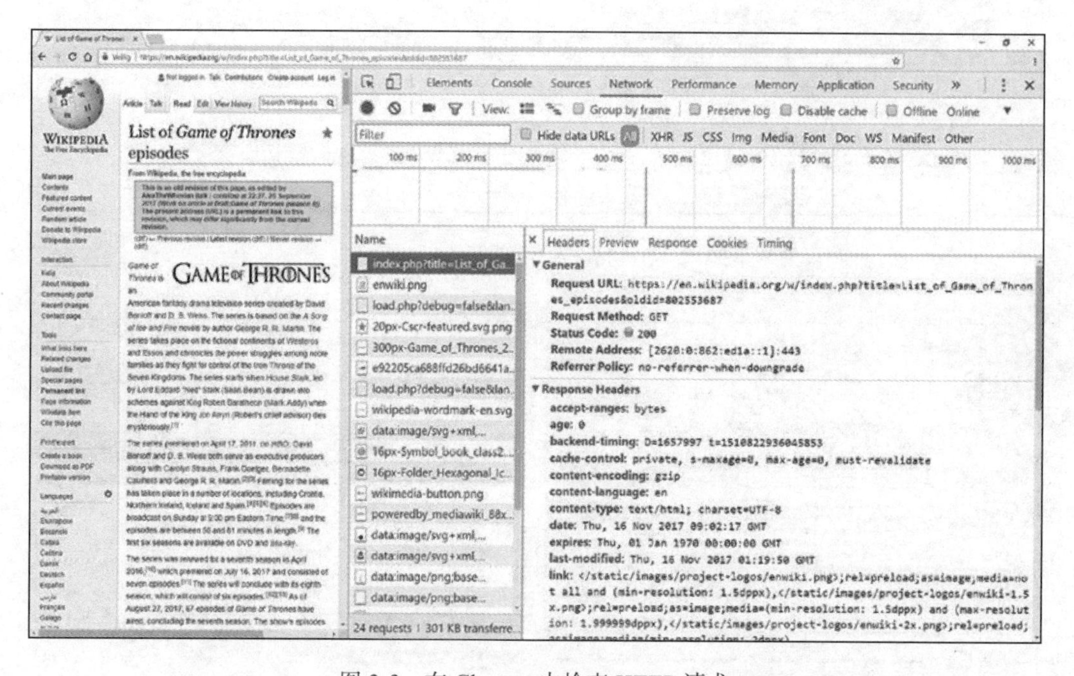

图 3-3　在 Chrome 中检查 HTTP 请求

最后，“Network”选项卡中有许多有用的复选框值得注意。启用“Preserve log”会阻止 Chrome 在每次执行新的页面请求时“清理”已缓存的日志。如果你想在导航网站时跟踪一系列操作，这可能会很有用。“Disable cache”将阻止 Chrome 使用它的“短期记忆”。如果 Chrome 浏览器仍然包含最近的网页内容，Chrome 将会聪明地阻止执行请求，不过你可以通过重写的方式强制 Chrome 执行每个请求。

进入“Elements”选项卡，可以看到与查看页面源代码时相似的视图，虽然现在被整齐地格式化为基于树的视图，但是我们可以扩展和折叠小箭头，如图 3-4 所示。

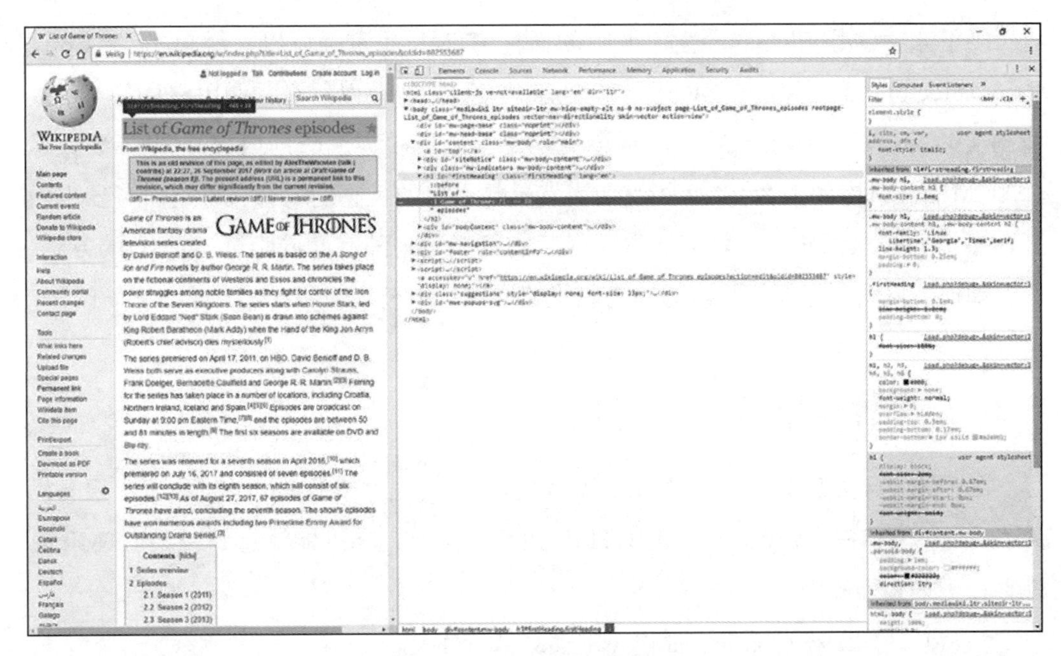

图 3-4　查看 Chrome 中的 Elements 标签

这里特别有用的是，将鼠标悬停在 Elements 选项卡中的 HTML 标签上，Chrome 会在网页上的相应位置显示一个透明框，这可以帮助你快速找到要查找的内容。或者，右键单击网页上的任何元素，然后点击“Inspect element”会立即在 Elements 选项卡中突出显示其相应的 HTML 代码。另外需要注意的是“Elements”选项卡底部类似“breadcrumb trail”的导航结构，其显示了当前选择的元素在 HTML 元素层次结构中的位置。

检查 Elements 与查看源代码　你可能想知道，当我们有“Elements”选项卡提供的用户友好的替代方案时，为什么“View source”选项有助于查看页面的 HTML 源代码？这里有个提示：“View source”选项显示了由网络服务器返回的 HTML 代码，并且在使用请求时将包含与 `r.text` 相同的内容。另一方面，Elements 选项卡中的视图会在网络浏览器解析 HTML 后提供一个“清理后”的版本。例如，重叠标签是固定的，额外的空白被移除。因此这两者之间可能会有细微的差异。此外，Elements 选项卡还提供实时动态视图。网站可以包含网络浏览器执行的脚本，这些脚本可以随意更改页面内容。因此，Elements 选项卡将始终反映页面的当前状态。这些脚本是用一种叫做 JavaScript 的编程语言编写的，可以在 HTML 中找到 `<script>...</script>` 标签。我们将仔细研究 JavaScript，以及为什么它在后面的几章中很重要。

接下来，注意 Elements 选项卡中的任何 HTML 元素都可以右键单击。“ Copy, Copy selector” 和 “ Copy XPath” 特别有用，我们将在以后经常使用它。甚至可以看到实时编辑的 HTML 代码（网页会自动更新以反映你编辑的内容），但不要太像 CSI（Miami 风格的黑客）：这些改变当然只是本地的。它们不会在网络服务器上做任何事情，一旦刷新页面就会消失，尽管它可能是一种有趣的尝试 HTML 的方法。无论如何，网络浏览器都将成为你在网络爬取项目中最好的朋友。

3.3　层叠样式表 CSS

在开始实际处理 Python 中的 HTML 之前，需要先讨论另一个关键技术：层叠样式表（CSS）。在阅读浏览器中的 HTML 元素的同时，你可能注意到一些 HTML 属性存在于许多标签中：

- “id”，用于将页面唯一标识符附加到某个标签；
- “class”，它列出了一系列以空格分隔的 CSS 类名。

使用 “ id” 可以快速获取我们感兴趣的 HTML 页面的某些部分，下面进一步介绍 “class”，其与 CSS 的许多概念相关。

CSS 和 HTML 同等重要。最初，HTML 是为了定义网站的结构和格式。因此在网络的早期，寻找大量 HTML 标签是很正常的，这些 HTML 标签旨在定义内容应该是什么样子的，例如 “<b>...</b>” 为粗体文本、“<i>...</i>” 用于斜体文本、“<font>...</ font>” 来更改字体，包括大小、颜色和其他属性。然而过了一段时间，网络开发人员发现文档的结构和格式涉及的是两个不同的问题，并将此与使用文本处理器（如 Word）编写的文档进行比较。你可以将格式直接应用于文档，但更好的方法是使用样式来指示标题、列表、表格等，格式可以通过修改样式的定义来轻松改变。CSS 就是以类似的方式工作的。HTML 仍然用于定义文档的一般结构和语义，而 CSS 将控制文档的样式，或者换句话说，CSS 指定了网页应该是什么样子。

CSS 语言与 HTML 有些不同。在 CSS 中，样式信息被写为冒号分隔的基于键值的语句列表，每个语句本身用分号隔开，如下所示：

```
color: 'red';
background-color: #ccc;
font-size: 14pt;
border: 2px solid yellow;
```

这些样式声明可以通过三种不同的方式包含在文档中：

- 嵌入到常规HTML元素的“style”属性中，例如：“<p style="color:'red';">...</p>”。
- 置于HTML“<style>...</style>”标签内以及页面的“<head>”标签内。
- 在单独的文件中，通过在文档的“<head>”标签内使用“<link>”标签引用。这是最方便的方式。加载网页时，浏览器将执行额外的HTTP请求来下载该CSS文件并将其定义的样式应用于文档。

如果样式声明放置在“style”属性中，则应用于哪个元素是很清楚的，即HTML中的那个标签本身。在另外两种情况下，样式定义需要合并要应用样式的HTML元素或元素的信息。可以通过将样式声明放在花括号内来对它进行分组，并在每个组的开头放置一个“CSS选择器”：

```
h1 {
  color: red;
}
div.box {
  border: 1px solid black;
}
#intro-paragraph {
  font-weight: bold;
}
```

CSS选择器的定义是用于“选择”想要设置样式的HTML元素的模式。在语法方面它们非常全面。以下列表提供了完整的参考：

- tagname可以选择具有特定标签名称的所有元素。例如，“h1”只与页面上的所有“<h1>”标签匹配。
- .classname（注意前面的点）选择HTML文档中定义的特定类的所有元素。这正是“class”属性出现的位置。例如，.intro将与“<p class="intro">”和“<h1 class="intro">”匹配。注意HTML元素可以有多个类，例如“<p class="intro highlight">”。
- #idname根据其“id”属性匹配元素。与类相反，正确的HTML文档应该确保每个“id”都是唯一的，并且只给予一个元素（尽管一些特别混乱的HTML页面违反了这个约定并多次使用相同的id值，也不要感到惊讶）。
- 这些选择器可以通过各种方式组合。例如，div.box选择所有“<div class="box">标记，而不是“<div class="circle">”标记。

- 可以使用逗号“,”指定多个选择器规则，例如 h1，h2，h3。
- selector1 selector2 定义了一个链规则（注意空格），选择 selector1 的元素中匹配 selector2 的所有元素。注意，可以将两个以上的选择器链接在一起。
- selector1>selector2 选择匹配 selector2 的所有元素，且其父元素匹配 selector1 选择器。请注意与上一行的细微差别。“父”元素指的是“直系父元素”。例如，div>span 将会与“<div> <p> <span> </span> </p> </div>”中的 span 元素不匹配（因为这里的父元素是一个“<p>”标签），而 div span 会。
- selector1+selector2 代表能与紧接在 selector1 之后的所有 selector2 选择器（位于 HTML 层次结构的同一级别）进行匹配的所有元素。
- selector1~selector2 代表能与 selector1 之后的 selector2（位于 HTML 层次结构中的同一级别）进行匹配的所有元素。这里与前面的规则同样存在细微的差别：这里的优先顺序不需要是“直系”，即其间可以有其他标签。
- 也可以根据元素的属性添加更多精细调整的选择规则。tagname[attributename] 选择名为 attributename 的属性表示的所有 tagname 元素。请注意，标签选择器是可选的，只需编写 [title] 即可选择所有具有“title”属性的元素。
- 属性选择器可以进一步细化。[attributename=value] 也会检查属性的实际值。如果要包含空格，请将值用双引号括起来。
- [attributename~=value] 比较类似，但不是执行精确的值比较，而是选择所有元素，其 attributename 属性的值是空格分隔的单词列表，其中一个值等于 value 即可。
- [attributename | = value] 选择 attributename 属性值为空格分隔单词列表的所有元素，只需其中任何一个元素等于“value”或以“value”开头，后跟一个连接符（“-”）。
- [attributename ^ = value] 选择属性值是以提供的 value 开头的所有元素。如果要包含空格，请将值用双引号括起来。
- [attributename $ = value] 选择属性值是以提供的 value 结束的所有元素。如果要包含空格，请将值用双引号括起来。

- [attributename * = value] 选择属性值包含提供的 value 的所有元素。如果要包含空格，请将值用双引号括起来。
- 最后，还有一些“冒号”和“双冒号”“伪类”，它们也可以在选择器规则中使用。p:first-child 选择的每个“<p>”标签是其父元素的第一个子类，p:last-child 和 p:nth-child(10) 具有类似的功能。

使用 Chrome 的 Developer Tools（或浏览器中的等效工具）浏览维基百科页面，尝试查找“class”属性的实例。该页面的 CSS 资源通过“<link>”标记引用（注意页面可以加载多个 CSS 文件）：

```
<link rel="stylesheet" href="/w/load.php?[...];skin=vector">
```

我们并不打算使用 CSS 来构建网站，相反，我们是为了更好地使用它们。基于此，你可能想知道为什么关于 CSS 的讨论会有用。原因是 Python 可以使用相同的 CSS 选择器语法快速查找和检索 HTML 页面中的元素。尝试右键单击 Chrome 的 Developer Tools 窗格中 Elements 选项卡中的某些 HTML 元素，然后点击“Copy, Copy selector”。此时你就获得了一个 CSS 选择器。例如，这是用于在页面上获取其中一个表的选择器：

```
#mw-content-text > div > table:nth-child(9).
```

或者在 id 为“mw-content-text”的元素中，获取子元素“div”以及第 9 个“table”子元素。一旦开始使用 HTML，我们会经常在编写的网络爬取脚本中使用这些选择器。

3.4 Beautiful Soup 库

现在我们准备开始使用 Python 来处理 HTML 页面。回顾下面几行代码：

```
import requests

url = 'https://en.wikipedia.org/w/index.php' + \
      '?title=List_of_Game_of_Thrones_episodes&oldid=802553687'

r = requests.get(url)
html_contents = r.text
```

如何处理 html_contents 中包含的 HTML ？为了妥善解析和处理文档中的“Soup”，将引入另一个名为“Beautiful Soup”的库。

> **Soup、Rich 和 Green** 最终，为什么将乱七八糟的 HTML 页面称为“Soup”的原因逐渐清晰，Beautiful Soup 库是根据 Lewis Carroll 的诗歌命名的，该诗与“Alice’s Adventures in Wonderland”同名。在故事中，诗歌是由一个叫做“Mock Turtle”的角色唱出来的，歌词如下：“Beautiful Soup, so rich and green,//Waiting in a hot tureen!//Who for such dainties would not stoop?//Soup of the evening, beautiful Soup!”就像在故事中一样，Beautiful Soup 能够简化事务的复杂性：它帮助解析、构造和组织通常非常混乱的网页、修复坏的 HTML 并向我们展示一个易于使用的 Python 结构。

正如 requests 一样，使用 pip 安装 Beautiful Soup 很容易（如果仍然需要设置 Python 3 和 pip，请参阅第 1.2.1 节内容），注意安装包名称中的“4”：

```
pip install -U beautifulsoup4
```

使用 Beautiful Soup 开始创建一个 `BeautifulSoup` 对象。如果已经有一个包含在字符串中的 HTML 页面（如同我们的那样），则这很简单。不要忘记添加新的导入行：

```
import requests
from bs4 import BeautifulSoup

url = 'https://en.wikipedia.org/w/index.php' + \
      '?title=List_of_Game_of_Thrones_episodes&oldid=802553687'

r = requests.get(url)
html_contents = r.text

html_soup = BeautifulSoup(html_contents)
```

尝试运行这段代码。如果一切顺利，应该没有错误，但你可能会看到以下警告：

```
Warning (from warnings module):
  File "__init__.py", line 181      markup_type=markup_type))

UserWarning: No parser was explicitly specified, so I'm using the best ↩
available HTML parser for this system ("html.parser"). This usually ↩
isn't a problem, but if you run this code on another system, or in a ↩
different virtual environment, it may use a different parser and behave ↩
differently.
```

导致此警告的代码位于文本 `<string>` 的第 1 行。要消除该警告，将这行代码：

```
BeautifulSoup(YOUR_MARKUP})
```

改为：

```
BeautifulSoup(YOUR_MARKUP, "html.parser")
```

究其原因，Beautiful Soup 库本身依赖 HTML 解析器来执行大部分批量解析的工作。在 Python 中，存在多个这样的解析器：

- “html.parser”，一个内置的 Python 解析器（特别是在使用最新版本的 Python 3 时）并且不需要额外的安装。
- “lxml”，处理速度非常快，但需要额外的安装。
- “html5lib”，它旨在以与浏览器完全相同的方式解析网页，但速度稍慢。

由于这些解析器之间存在细微差异，如果没有明确提供解析器，会发出警告，这可能导致你的代码在不同计算机上执行相同脚本时的行为稍有不同。为了解决这个问题，只需简单地指定一个解析器即可，在这里我们使用 Python 默认的解析器：

```
html_soup = BeautifulSoup(html_contents, 'html.parser')
```

Beautiful Soup 的主要任务是解析 HTML 内容并将其转换为基于树的表示形式。一旦创建了 `BeautifulSoup` 对象，就可以使用两种方法从页面获取数据：

- `find(name, attrs, recursive, string, **keywords)`；
- `find_all(name, attrs, recursive, string, limit, **keywords)`。

> 下划线　如果不喜欢写下划线，Beautiful Soup 也会使用驼峰式大小写方式中的大写来展示它的大部分方法。所以，如果愿意的话，也可以使用 findAll 来代替 find_all。

除了 `find_all` 有一个额外的 `limit` 参数外，两种方法看起来的确非常相似。要测试这些方法，请将以下几行添加到脚本中并运行：

```
print(html_soup.find('h1'))

print(html_soup.find('', {'id': 'p-logo'}))

for found in html_soup.find_all(['h1', 'h2']):
    print(found)
```

这两种方法背后的基本思路很清楚：它们用于查找 HTML 树中的元素。我们一步一步讨论这两种方法的参数：

- `name` 参数定义你希望在页面上找到的标签名称。你可以传递字符串或标签列表。将此参数留为空字符串表示选择所有元素。
- `attrs` 参数采用属性的 Python 字典，并匹配这些属性的 HTML 元素。

And 还是 Or？ 一些准则指出 attrs 字典中定义的属性行为是“or-this-or-that”关系，其中与至少一个属性匹配的每个元素都将被检索。但这并不正确：在 attrs 中定义的过滤器以及在 **keywords 中使用的关键字都应匹配，便于检索元素。

- recursive 参数是一个布尔值，控制着搜索的深度。如果设置为默认值 True，则 find 和 find_all 方法将针对查询匹配的元素查看其子标签、子标签的子标签等；如果是 False，它只查看文档的一级标签。
- string 参数用于根据元素的文本内容执行匹配。

Text 还是 String？ string 参数相对较新。在 Beautiful Soup 的较早版本中，此参数被命名为 text。事实上，如果你喜欢，仍然可以使用 text 而不是 string。如果同时使用这两个参数（不推荐），则 text 优先，string 最终会在下面的 **keywords 列表中出现。

- limit 参数仅用于 find_all 方法中，可用于限制检索的元素数量。需要注意的是 find 在功能上等同于调用 find_all，其 limit 设置为 1，但前者直接返回检索的元素，后者将始终返回项目列表，即使它只包含单个元素。同样重要的是，当 find_all 找不到任何东西时，它将返回一个空列表，而如果 find 找不到任何东西，则返回 None。
- **keywords 是一种特殊情况。这个方法可以根据需要添加任意数量的额外命名参数，然后将其简单地用作属性过滤器。因此，编写“find(id='myid')”与“find(attrs={'id': 'myid'})”相同。如果你定义了 attrs 参数和额外的关键字，所有这些将一起用作过滤器。此功能主要为编写易读的代码提供便利。

注意关键字 尽管 **keywords 参数在实践中非常有用，仍需要在此提及一些重要的注意事项。首先，不能将 class 用作关键字，因为 class 是 Python 的保留关键字。真是非常遗憾，因为 class 是 HTML 内容搜索时最常用的属性之一。幸运的是，Beautiful Soup 提供了一种解决方法。使用 class_ 来代替 class，如：“find(class_= 'myclass')”。另外，name 也不能用作关键字，因为它已经被 find 和 find_all 用作第一个参数名称，并且 Beautiful Soup 在这里没有提供一个替代的名称。相反，如果想根据 HTML 的“name”属性进行选择，则需要使用 attrs。

find 和 find_all 都返回 Tag 对象。使用这些，可以做很多有趣的事情：

- 访问 name 属性以检索标签名称。
- 访问 contents 属性以获取包含标签子项（其直接后代标签）的 Python 列表。
- children 属性相同，但提供了一个迭代器，descendants 属性也返回一个迭代器，因此可以通过递归方式遍历所有标签的后代。这些属性可以在调用 find 和 find_all 时使用。
- 类似地，也可以使用 parent 和 parents 属性来“爬取”HTML 树。为了横向（即在同一层次结构中找到下一个和前一个元素）获取网页信息，可以使用 next_sibling、previous_sibling、next_siblings 以及 previous_siblings 等标签。
- 将 Tag 对象转换为字符串，可以将标签及其 HTML 内容一起作为字符串。例如，如果打印出 Tag 对象，或者在 str 函数中添加这样的对象，就会发生这种情况。
- 通过 Tag 对象的 attrs 属性访问元素的属性。为了方便起见，你还可以直接使用 Tag 对象本身作为字典。
- 使用 text 属性将标记对象的内容设置为明文（不带 HTML 标记）。
- 或者也可以使用 get_text 方法，为 strip 指定布尔参数，以使 get_text(strip= True) 等同于 text.strip()。还可以指定一个字符串用于将元素中包含的文本合并在一起，例如 get_text('-')。
- 如果只有一个标签，并且该标签本身就是文本，那么你也可以使用 string 属性来获取文本内容。但是，如果标签包含嵌套的其他 HTML 标签，则 string 将返回 None，而 text 将递归获取所有文本。
- 最后，并非所有 find 和 find_all 搜索都需要从原始 BeautifulSoup 对象开始。每个 Tag 对象本身都可以用作开始新搜索的根。

我们已经讲解了很多理论知识。下面通过一些示例代码展示这些概念：

```
import requests
from bs4 import BeautifulSoup

url = 'https://en.wikipedia.org/w/index.php' + \
      '?title=List_of_Game_of_Thrones_episodes&oldid=802553687'

r = requests.get(url)
html_contents = r.text
```

```
html_soup = BeautifulSoup(html_contents, 'html.parser')
# Find the first h1 tag
first_h1 = html_soup.find('h1')

print(first_h1.name)     # h1
print(first_h1.contents) # ['List of ', [...], ' episodes']

print(str(first_h1))
# Prints out: <h1 class="firstHeading" id="firstHeading" lang="en">List of
#             <i>Game of Thrones</i> episodes</h1>

print(first_h1.text)       # List of Game of Thrones episodes
print(first_h1.get_text()) # Does the same

print(first_h1.attrs)
# Prints out: {'id': 'firstHeading', 'class': ['firstHeading'], 'lang': 'en'}

print(first_h1.attrs['id']) # firstHeading
print(first_h1['id'])       # Does the same
print(first_h1.get('id'))   # Does the same

print('------------ CITATIONS ------------')
# Find the first five cite elements with a citation class
cites = html_soup.find_all('cite', class_='citation', limit=5)
for citation in cites:
    print(citation.get_text())
    # Inside of this cite element, find the first a tag
    link = citation.find('a')
    # ... and show its URL
    print(link.get('href'))
    print()
```

关于鲁棒性　仔细看上面例子中的“citations”部分。如果“<cite>”元素中没有“<a>”标签，会发生什么情况？在这种情况下，link变量将被设置为空，并且“link.get('href')”这行代码会使我们的程序崩溃。在写网络爬取程序时要格外小心，并为最坏的情况做好准备。对于测试的例子，为了简洁起见，我们可以允许程序有些考虑不当，但在现实生活中，你就需要额外检查link是否为空，并及时纠正。

在我们讨论另一个例子之前，还有两点关于find和find_all的小问题。你可以按照如下程序遍历一系列标签名称：

```
tag.find('div').find('table').find('thead').find('tr')
```

另外，Beautiful Soup也允许我们用简写的方式代替上面的程序：

```
tag.div.table.thead.tr
```

类似地，下面的代码行：

```
tag.find_all('h1')
```

与下面的调用相同：

```
tag('h1')
```

尽管这是为了方便起见而提供的，我们仍将在本书中全部使用 `find` 和 `find_all`，因为这种情况下编程明确，有助于提高程序的可读性。

现在尝试解决以下用例。你会注意到 Game of Thrones 的维基百科页面有许多比较规范的表格，表格中列出了与剧集有关的导演、编剧、播出日期和观众人数。让我们尝试使用所学到的知识获取所有这些数据：

```
import requests
from bs4 import BeautifulSoup

url = 'https://en.wikipedia.org/w/index.php' + \
      '?title=List_of_Game_of_Thrones_episodes&oldid=802553687'

r = requests.get(url)
html_contents = r.text
html_soup = BeautifulSoup(html_contents, 'html.parser')

# We'll use a list to store our episode list
episodes = []

ep_tables = html_soup.find_all('table', class_='wikiepisodetable')

for table in ep_tables:
    headers = []
    rows = table.find_all('tr')
    # Start by fetching the header cells from the first row to determine
    # the field names
    for header in table.find('tr').find_all('th'):
        headers.append(header.text)
    # Then go through all the rows except the first one
    for row in table.find_all('tr')[1:]:
        values = []
        # And get the column cells, the first one being inside a th-tag
        for col in row.find_all(['th','td']):
            values.append(col.text)
        if values:
            episode_dict = {headers[i]: values[i] for i in
            range(len(values))}
```

```
            episodes.append(episode_dict)

# Show the results
for episode in episodes:
    print(episode)
```

在这一点上，大部分代码应该是相对简单的，但有些事项需要特别指出：

- 我们并不是简单地使用“find_all('table',class_ ='wikiepisodetable')”这行程序，尽管通过查看代码看起来似乎是这样。回想一下我们之前所说的关于浏览器的Developer Tools，检查页面上的episode表格，注意它们是如何通过“<table>”标签来定义的，但是该页面还包含我们不想包含的表格。进一步的探究使我们找到了一个解决方案：所有episode表格都使用“wikiepisodetable”作为一个类别，而其他表格则没有。在提出一个可靠的方法之前，经常需要先通过一个网页来测试。在许多情况下，找到想要的位置之前都需要执行多次find和find_all。
- 对于每个表，首先需要检索用作Python字典中作为键使用的标头。为此，首先选择第一个“<tr>”标签，并选择其中的所有“<th>”标签。
- 接下来，遍历所有行（“<tr>”标签），第一行（标题行）除外。对于每一行，循环访问“<th>”和“<td>”标签以提取列值（第一列包含在“<th>”标签内，其他列包含在“<td>”标签内，这就是为什么需要同时处理）。在每一行的结尾处，向“episodes”变量添加一个新条目。为了存储每个条目，使用普通的Python字典（episode_dict）。如果你对Python不是很熟悉，那么会对构造这个对象的方式比较陌生。也就是说，Python允许通过在“[...]”或“{...}”中放置一个“for”结构来“一次性”构建完整的列表或字典。在这里，使用它循环遍历标题和值列表来构建字典对象。需要注意的是这两个列表应该具有相同的长度，并且这两个列表的顺序是相互匹配的，使“headers[2]”处的标头与“values[2]”的标头对应。对于这里要处理的相对简单的表格而言，这是一个安全的假设。

爬取表格数据是否值得？ 到目前为止，你对这个例子的印象可能不是很深刻。是因为大多数浏览器允许你简单地选择或右键单击网页上的表格，并且可以将它们直接复制到Excel电子表格中。的确如此，如果只需要提取一张表格的数据，这绝对是更容易的方法。但是，如果处理多个表格，并且它们分布在多个页面上，或者需要定期刷新特定网页中的表格数据，则编写爬取程序的好处就会很明显。

使用此代码进行更多的实验，应该能够解决以下问题：

- 尝试从页面中提取所有链接以及它们指向的位置（提示：在“<a>”标签中查找“href”属性）。
- 尝试从页面中提取所有图像。
- 尝试从页面中提取“ratings”表。这一个有点棘手，你可能会试图使用“find('table',class_="wikitable")”，但是你会注意到这与页面上的第一个表相匹配，即使第一个表的class属性设置为“wikitable plainrowheaders”。事实上，对于带有多个空格分隔值（比如“class”）的HTML属性，Beautiful Soup将执行部分匹配。为了得到我们想要的表格，必须循环遍历页面上的所有“wikitable”表格，并对其text属性执行检查以确保得到所需的文本，或者可以尝试从唯一的父元素中逐层查找，例如“find('div',align="center")”。在下面的章节中，你将了解Beautiful Soup的更多高级功能。

特殊的类　对于含有多个空格分隔值（例如“class”）的HTML属性，Beautiful Soup将执行部分匹配。如果希望执行一个精确匹配，比如“找到myclass类且只找到myclass”，在选择能够匹配多个类的HTML元素的情况下，这可能会非常棘手。在这种情况下，你可以写一些类似于“find(class_='class-one class-two')”的程序，尽管这种工作方式也不会得到期望的结果（这些类应该以相同的次序出现并且在HTML页面中彼此相邻，不过也并非总是如此）。另一种方法是将过滤器包装在一个列表中，即“find(class_= ['class-one','class-two'])”，虽然这也不能获得所需的结果，但这个语句将与具有任何这些类的元素相匹配，而不是将“class-one”和“class-two”作为类的元素进行匹配！为了以一种精确的方式解决这个问题，需要了解更多有关Beautiful Soup的信息。

3.5　有关Beautiful Soup的更多内容

既然已经了解了Beautiful Soup库的基本内容，我们就可以进一步探索该库了。首先，虽然已经学习了find和find_all的基础知识，但注意这些方法的多变性是非常重要的。我们已经看到了怎样筛选简单的标签名称或其列表：

```
html_soup.find('h1')
html_soup.find(['h1', 'h2'])
```

但是，这些方法也可以采用其他类型的对象，例如正则表达式对象。通过使用Python的“re”模块构造正则表达式，以下代码行将匹配所有以字母“h”开头的标签：

```
import re
html_soup.find(re.compile('^h'))
```

> **正则表达式**　可能你之前没有听说过正则表达式，正则表达式（Regular Expressio, Regex）是定义一系列搜索模式的模式（表达式）。它经常用于字符串搜索和匹配代码以查找（并替换）字符串片段。虽然它们是非常强大的构造，但它们也可能被滥用。例如，不要使用过长或复杂的正则表达式，因为它们不是很容易被读懂，并且可能很难弄清楚某个特定的正则表达式后面会做什么。顺便说一下，这对于避免使用正则表达式来解析HTML页面是一个很好的观点。我们本可以引入正则表达式来解析HTML文本中的内容，而不是诉诸于使用Beautiful Soup。然而，这是一个糟糕的想法。正如我们所看到的，HTML页面非常混乱，使用像Beautiful Soup这样的HTML解析器来执行提取页面内容的工作时，将很快得到大量的文本内容。然后，你可以使用正则表达式的小片段（正如此处所示）来查找或提取部分内容。

除了字符串、列表和正则表达式，你还可以传递一个函数。这对其他方法行不通的复杂情况能有所帮助：

```
def has_classa_but_not_classb(tag):
    cls = tag.get('class', [])
    return 'classa' in cls and not 'classb' in cls

html_soup.find(has_classa_but_not_classb)
```

请注意，你还可以将列表、正则表达式和函数传递给`find`和`find_all`的`attrs`字典值、`string`和`**keyword`参数。

除`find`和`find_all`之外，还有许多其他搜索HTML树的方法，它们与`find`和`find_all`非常相似。不同之处在于它们将搜索HTML树的不同部分：

- `find_parent`和`find_parents`在HTML树上工作，使用其`parents`属性查看父标签。请记住，`find`和`find_all`沿着HTML树，向下查看标签的后代。
- `find_next_sibling`和`find_next_siblings`会使用`next_siblings`属性迭代并匹配标签的同胞。

- find_previous_sibling 和 find_previous_siblings 的做法相同，但使用 previous_siblings 属性。
- find_next 和 find_all_next 使用 next_elements 属性对文档中标签之后的任何内容进行迭代和匹配。
- find_previous 和 find_all_previous 将使用 previous_elements 属性来反向搜索。
- 记住，find 和 find_all 在 recursive 参数设置为 False 的情况下，对 children 属性起作用；在 recursive 设置为 True 的情况下，对 descendants 属性起作用。

更多方法　即使在文档中没有出现，仍然可以使用 findChild 和 findChildren 方法（虽然不是 find_child 和 find_children），它们分别被定义为 find 和 find_all 的别名。但没有 findDescendant，所以请记住，使用 findChild 将默认搜索所有后代（就像 find 一样），除非将递归参数设置为 False。这显然会使人困惑，所以最好避免这些方法。

尽管所有这些都可以很方便地使用，但是你会发现在浏览 HTML 树时，find 和 find_all 将占用大部分工作量。然而，还有一种方法非常有用：select。最后，我们上面看到的 CSS 选择器可以使用。使用这种方法，可以简单地将 CSS 选择器规则作为字符串传递。

Beautiful Soup 将返回符合此规则的元素列表：

```
# Find all <a> tags
html_soup.select('a')

# Find the element with the info id
html_soup.select('#info')
# Find <div> tags with both classa and classb CSS classes
html_soup.select(div.classa.classb)
# Find <a> tags with an href attribute starting with http://example.com/
html_soup.select('a[href^="http://example.com/"]')

# Find <li> tags which are children of <ul> tags with class lst
html_soup.select(ul.lst > li')
```

一旦你开始习惯使用 CSS 选择器，就会发现这个方法功能非常强大。举个例子，如果我们想要找出 Game of Thrones 维基百科页面的引用链接，我们可以简单地运行：

```
for link in html_soup.select('ol.references cite a[href]'):
    print(link.get('href'))
```

然而，在 Beautiful Soup 中，CSS 选择器规则引擎并不像现代网络浏览器中所发现的那样强大。下面的规则是有效的选择器，但不适用在 Beautiful Soup 中工作：

```
# This will not work:
# cite a[href][rel=nofollow]

# Instead, you can use:
tags = [t for t in html_soup.select('cite a[href]') \
        if 'nofollow' in t.get('rel', [])]

# This will not work:
# cite a[href][rel=nofollow]:not([href*="archive.org"])
# Instead, you can use:
tags = [t for t in html_soup.select('cite a[href]') \
        if 'nofollow' in t.get('rel', []) and 'archive.org' not in
           t.get('href')]
```

幸运的是，需要求助于这样复杂的选择器的情况很少见，请记住，你仍然可以使用 `find`、`find_all` 和其他查找元素的方法（尝试在不使用 `select` 的情况下使用上面的两个示例并重写它们）。

所有的方法都基于元素　细心的读者会注意到，通常有多种方式来编写 CSS 选择器获得相同的结果。比如，用“`body div.reflist ol.references li cite.citation a`”来代替“`cite a`”可以得到相同的结果。但是，总的来说，仅将选择器细化为必要的精度以获取所需内容是一种很好的做法。网站通常会发生变化，如果计划长时间使用网络爬取工具，你可以在精确性和鲁棒性之间寻找折衷的方案。这样，如果网站所有者决定改变 HTML 结构、类名称、属性等，你可以尝试尽可能保证未来的适用性。这就是说，可能总会有一个时刻，有重大变化以至于会破坏选择器。在代码中包含额外的检查，并提供早期的警告标志可以帮助构建强大的网络爬取程序。

最后，还有更多关于 Beautiful Soup 的细节。到目前为止，我们一直在讨论 `BeautifulSoup` 对象本身（上面示例中的 `html_soup` 变量）以及 `find`、`find_all` 和其他搜索操作所检索的 `Tag` 对象。Beautiful Soup 中还有两种对象类型，虽然不太常用，但了解下会非常有用：

NavigableString 对象：这些对象用于表示标签内的文本，而不是标签本身。例如，一些 Beautiful Soup 的函数和属性将返回这样的对象，例如标签的 string 属性。诸如 descendants 之类的属性也将包含在它们的列表中。另外，如果使用 find 或 find_all 方法并提供一个 string 参数值而不使用 name 参数，那么它们也会返回 NavigableString 对象，而不是 Tag 对象。

Comment 对象：这些对象用于表示 HTML 注释（可在注释标记"<!-...->"中找到）。这些在网络爬取时很少使用。

如果你喜欢，随时都可以使用 Beautiful Soup 库。但需要在 https://www.crummy.com/software/BeautifulSoup/bs4/doc/ 上面多花一些时间浏览该库的文档。需要注意的是 Beautiful Soup 的文档比 requests 文档的结构要差一些，所以它读起来更像是一个端到端的文档，而不是一个参考指南。在第 4 章中，我们将会从 HTML 中后退一步，返回到 HTTP，以便更深入地探索它。

02

第二部分

高级网络爬取

P　A　R　T　2

CHAPTER 04

第4章

深入挖掘 HTTP

我们已经学习了构成网络的大部分核心块：HTTP、HTML 和 CSS。但是，尚未充分了解 HTTP。到目前为止，只使用了 HTTP 的一个请求命令："GET"。本章将介绍 HTTP 提供的其他方法，从通常用于提交 Web 表单的"POST"方法开始，接下来将更深入地探讨 HTTP 的 request 和 reply 头，并展示如何使用 requests 库处理 cookie。最后讨论 HTML 格式页面之外其他常见的内容形式，以及如何在网络爬取项目中处理它们。

4.1 使用表单和 POST 请求

我们已经知道网络浏览器是如何将输入信息传递给网络服务器，即简单地将其包含在请求 URL 中，就像前面讨论的那样，可以包含在 URL 参数内或者通过 URL 路径表示。然而，这种方式对用户并不友好。想象一下，假如想要购买一些音乐会门票，却要求把购买者的名字、电子邮件和其他信息作为一堆 URL 参数发送到一个网络服务器上，这着实不是一个好的做法！此外，根据定义，URL 在长度方面也会受到限制。因此，如果想要向网络服务器发送大量的信息，这种"解决方案"将无法进行工作。

因而，网站提供了一种更好的方式方便输入一些信息并将该信息发送至网络服务器中。毫无疑问，这就是你已经遇到过的 Web 表单。无论是提供注册表单、买票表单，还是仅仅是登录表单，都能被用来收集适当的数据。Web 表单在网络浏览器中的显示方式仅仅是通过在 HTML 中包含适当的标签。也就是说，页面上的每个 Web 表单都对应于"<form>"标签中包含的 HTML 代码块：

```
<form>
[...]
</form>
```

在其内部，有许多标签代表表单字段本身。其中大多数是通过“<input>”标签提供的，“type”属性指定了它应代表的字段类型：

- `<input type="text">`，简单文本字段；
- `<input type="password">`，密码输入字段；
- `<input type="button">`，通用按钮；
- `<input type="reset">`，“复位”按钮（单击时，浏览器会将所有表单值重置为初始状态，但现在很少遇到这个按钮）；
- `<input type="submit">`，“提交”按钮（稍后会详细介绍）；
- `<input type="checkbox">`，复选框；
- `<input type="radio">`，单选框；
- `<input type="hidden">`，隐藏字段，不会向用户显示，但仍然包含值。

除此之外，还有其他表现形式的标签对（“<input>”没有结束标签）：

- `<button>...</button>`，作为定义按钮的另一种方式。
- `<select>...</select>`，表示下拉列表。在这些内容中，每个选项都是使用 `<option>...</option>` 标签定义的。
- `<textarea>...</textarea>`，用于较大的文本输入字段。

导航到 http://www.webscrapingfordatascience.com/basicform/ 可以查看实际的基本 Web 表单（参见图 4-1）。

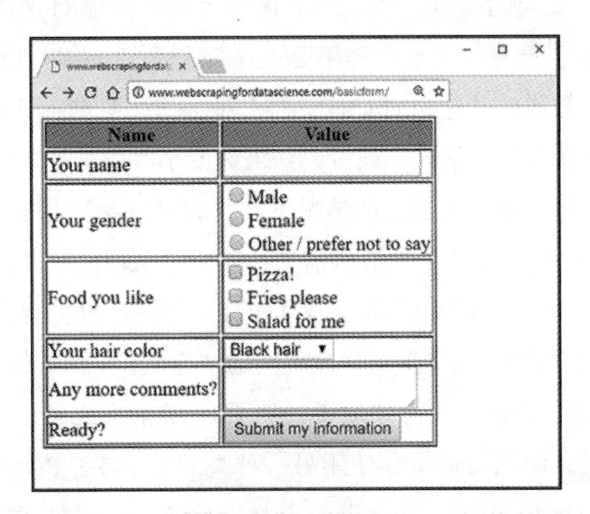

图 4-1　一个说明不同输入字段的简易 Web 表单

多花一些时间使用网络浏览器检查相应的HTML源代码。你会注意到某些HTML属性似乎在这里具有特殊的作用，如表单标签的“name”和“value”属性。事实证明，一旦Web表单被提交，这些属性就会被网络浏览器使用。要做到这一点，请尝试在示例的网络页面上点击“Submit my information”按钮（请先随意填写一些信息）。你会看到什么？请注意，在提交表单时，浏览器会触发新的HTTP请求，并在其请求中包含输入的信息。在这个简单的表单中，使用了一个简单的HTTP GET请求，基本上将表单中的字段转换为键值对的URL参数。

表单提交　“Submit”按钮并不是表单信息提交的唯一方式。有时，表单只包含一个文本字段，当按下回车键时将被提交。另外，一些额外的JavaScript也可以负责发送表单。虽然“<form>”块没有公开任何明显的提交方式，但仍然可以指示网络浏览器提交表单，例如，通过Chrome的Developer Tools中的控制台。顺便说一下：在同一个网页中有多个“<form>”块是完全没问题的（例如，一个“search”表单，一个“contact us”表单），但如果用户进行“submit”操作，通常只会提交一个表单（及其附属信息）。

这种提交表单的方式与我们在后面几段的讨论非常吻合：URL参数是将输入发送到网络服务器的一种方式。现在至少已经看到了Web表单如何使这个过程更加友好，而不必在URL中手动输入所有信息（想象一下如果是那样的话，这将是一个多么可怕的用户体验）。

但是，在必须提交大量信息的情况下（例如，尝试用大量的文本填充示例页面上的“comments”表单字段），URL由于其最大长度限制将无法提交信息。即使URL在长度方面不受限制，它们仍然不是一个完全合适的提交信息的机制。例如，如果在电子邮件中复制粘贴这样的URL，当其他人点击它时，该信息将会再次被发送到服务器，这会发生什么情况？或者，如果你不小心刷新了这样的URL，又会发生什么？在向网络服务器发送信息的情况下，我们可以期待此提交操作将进行永久性更改（例如删除用户、更改个人资料信息、单击“accept”进行银行转帐等），简单地允许这样的请求以HTTP GET请求操作可能不是一个好主意。

幸运的是，HTTP协议还提供了许多不同的“方法”（或“命令”），而不仅仅是我们目前使用的GET方法。更具体地说，除了GET请求之外，如果希望向网络服务器提交一些信息，浏览器通常会使用另一种类型的请求：POST请求。具体信息参见http://www.webscrapingfordatascience.com/postform/。请注意，除了HTML源代码中的一个小差异之外，此页面看起来与上面的页面完全相同：现在“<form>”标签有一个额外的“method”属性：

```
<form method="post">
[...]
</form>
```

“Method”属性的默认值是“get”，通常指示浏览器应该通过 HTTP GET 请求提交此特定表单的内容。但是，当设置为“post”时，将指示浏览器通过 HTTP POST 请求发送信息。HTTP POST 请求将此输入作为 HTTP 请求体的一部分，而不是将所有的表单信息作为 URL 参数包含进来。按下“Submit my information”按钮，同时要确保 Chrome 的 Developer Tools 正在监控网络请求，请读者尝试此操作。如果要检查 HTTP 请求，你会注意到 request method 现在设置为“POST”，并且 Chrome 包含一条称为“Form Data”的额外信息，以显示哪些信息被包含为 HTTP 请求体的一部分。如图 4-2 所示。请注意，提交的信息现在未嵌入到请求 URL 中。

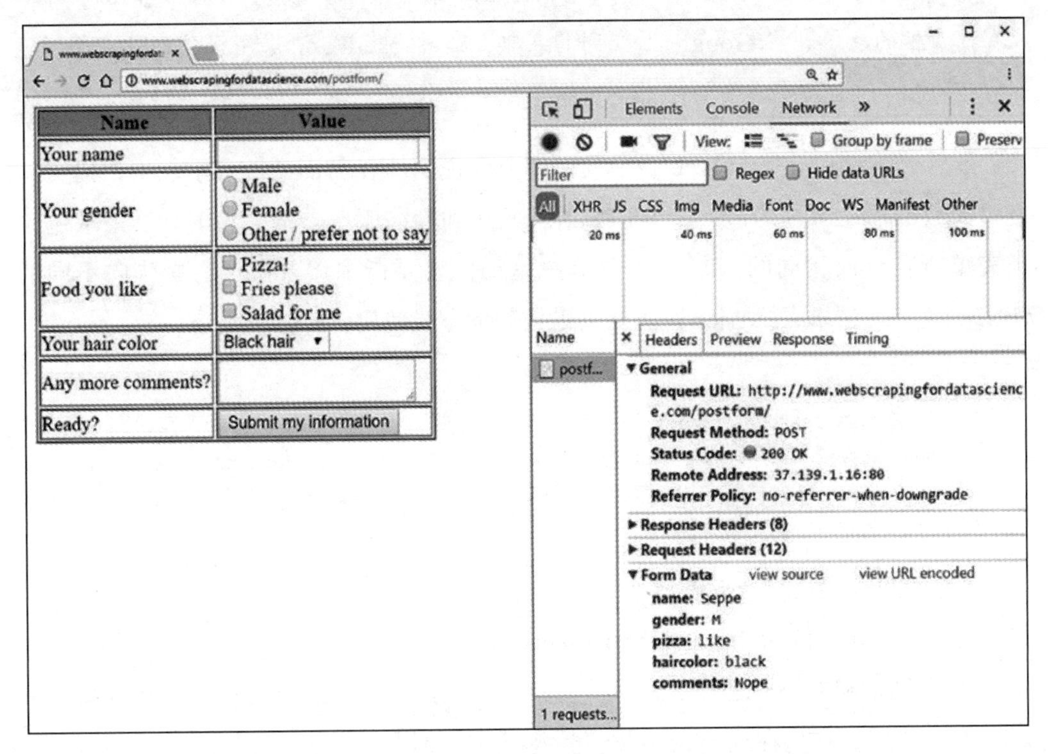

图 4-2　使用 Chrome 的 Developer Tools 检查 HTTP POST 请求

最后，请打开 http://www.webscrapingfordatascience.com/postform2/ 页面。此页面的工作方式与之前完全相同，但有一处区别值得注意：当提交表单时，服务器不会发回与以前相同的内容，但会提供刚刚提交的信息的概述。由于网络服务器能够读出包含 HTTP 请求方法和 URL 的 HTTP 请求行，因此它可以根据接收到的响应类型动态地生成不同的响应，并执行不同的操作。例如，当执行 POST 请求时，网络服务器可能会决定在发送响应之前将提交的信息存储到数据库中。

> **安全性**　请注意，网络浏览器中显示的 URL 未曾改变，因为同一个 URL 可以与 POST 或 GET 请求结合使用。这显示了 POST 请求在安全性方面的优势：例如，即使在电子邮件消息中复制上面的 URL，打开此链接的新用户也将最终使用 GET 请求获取页面，而不会重新提交信息到网站，相反用户会看到一个全新的无信息的网页。也就是说，采用 GET 方法时，如果不知情的用户被骗点击了一个 URL，这个 URL 将会立即执行操作，而这是非常不安全的。相反，采用 POST 方法可以帮助毫无警戒心的访问者的网络浏览器使用 JavaScript 代码执行 POST 请求，虽然这也并不意味着使用 POST 请求可以完全保护用户免受不法行为者的攻击。当然，这也并不是说所有的 Web 表单都应该使用 POST。例如，带有搜索框的表单、在 Google 上找到的表单，这些与 GET 请求结合使用是完全没问题的。

最后，还有一点关于 Web 表单的内容需要说明。在前面的所有示例中，提交到表单的数据都是通过构造一个 HTTP 请求发送到网络服务器的，该 HTTP 请求包含与表单所在页面相同的 URL，但并非总是如此。要指示“submit”操作向不同的 URL 产生一个请求，“action”属性可以按如下方式使用：

```
<form action="search.html">
  <!-- E.g. a search form -->
  <input type="text" name="query">
  <input type="submit" value="Search!">
</form>
```

这个表单片段可以包含在具有相同 URL 的不同页面上，但是提交这个表单将会指向另一个页面，例如“search.html?query=Test”。

除了 GET 和 POST 之外，还有一些其他的 HTTP 方法需要讨论，尽管这些方法通常很少使用，至少在通过网络浏览器浏览网页时是这样。这些内容将稍后介绍。现在，总结一下目前所知的两种 HTTP 方法。

- GET：在地址栏中输入 URL 并按回车键，单击链接或提交 GET 表单时使用。

  这里，我们假设可以多次执行相同的请求而不会影响用户的体验。例如，可以刷新 URL“search.html?query = Test”，但可能不是 URL“doMoney Transfer?to=Bart&from=Seppe&amount=100”。

- POST：提交 POST 表单时使用。在这里，假设该请求将产生一个不应多次执行的操作。如果尝试刷新 POST 请求转向的页面，大多数浏览器会警告你“you'll be resubmitting the same information again—are you sure this is what you want to do?”。

在讨论其他 HTTP 请求方法之前，让我们看看如何使用 Python 执行 POST 请求。如果 Web 表单使用 GET 请求来提交信息，则可以使用带有 `params` 参数的 `requests.get` 方法将信息嵌入 URL 参数来处理。对于 POST 请求，则需要使用新方法（`requests.post`）和新的 `data` 参数：

```
import requests

url = 'http://www.webscrapingfordatascience.com/postform2/'

# First perform a GET request
r = requests.get(url)

# Followed by a POST request
formdata = {
    'name': 'Seppe',
    'gender': 'M',
    'pizza': 'like',
    'haircolor': 'brown',
    'comments': ''
    }

r = requests.post(url, data=formdata)
print(r.text)
```

就像 `params` 一样，`data` 参数是作为 Python 字典对象提供的，它表示名称——值对。花一些时间在网络浏览器中使用此 URL 来查看如何真正提交各种输入元素的数据。特别要注意的是，对于单选按钮，它们都具有相同的“name”属性，表示它们属于同一个选择组，尽管“M”“F”和“N”代表的值不同。如果没有选择其中任何一个按钮，则此属性将不包含在提交的表单数据中。对于复选框，请注意它们都有不同的名称，但它们的值都相同或相似。如果未选中复选框，则网络浏览器将不会在提交的表单数据中包含名称——值对。因此，一些网络服务器甚至懒得检查这些字段的值以确定它们是否被选中，而只是确定该名称是否存在于提交的数据中，尽管也有网络服务器会检查所有字段。

重复的名称　一些网站（例如使用 PHP 语言构建的网站）也允许我们定义一系列具有相同 name 属性值的复选框元素。对于使用 PHP 构建的网站，你会看到这些名称以“[]”结尾，如“food []”中所示。此标志指向网络服务器，传入的值应该被当做一个数组来对待。在 HTTP 中，这意味着相同的字段名称将在请求正文中多次出现。对于 URL 参数来说，也存在同样的复杂性。从技术上讲，没有什么可以阻止你指定具有相同名称和不同值的多个参数。它们被处理的方式因服务器而异，尽管你可能想知道如何在请求中处理这样的用例，`params` 和 `data` 都是字典对象，它们不能两次包含相同的键。为了解决这个问题，`data` 和 `params` 参数都允许传递一个“(name,value)”的元组列表。

对于“comments”字段，请注意，即使没有填写任何内容，它也会包含在提交的表单数据中，在这种情况下，将提交空值。同样，在某些情况下，你可能会完全忽略，但这取决于网络服务器的处理方式。

选择提交地址　表单的“submit”按钮也可以命名，在这种情况下，它们将以提交的表单数据结尾（其值等于它们的 HTML 属性值）。有时，网络服务器将使用此信息来确定在同一表单中存在多个“submit”按钮的情况下单击了哪个按钮，在其他情况下，最终会忽略名称——值对。与 URL 参数的情况一样，网络服务器在解析 requests 时的严格程度或灵活性方面可能存在很大差异。在使用 requests 提交 POST 请求时，没有什么能阻止你添加其他的名称——值对，但同样，结果可能因站点不同而有差异。一个很好的建议是根据浏览器中执行的操作进行相应的匹配。

请注意，在上面的示例中，我们的操作仍然很规范，因为在通过 POST 发送信息之前首先执行了一个正常的 GET 请求，尽管这不是必须的。可以简单地注释掉 `requests.get` 行来提交信息。但是，在某些情况下，网页能够很聪明地阻止这样操作。为了说明这一点，请尝试导航到 http://www.webscrapingfordatascience.com/postform3/，填写并提交表单。现在再试一次，但在点击“submit my information”之前先等待一到两分钟。网页将通知你“You waited too long to submit this information”。让我们尝试使用 requests 提交此表单：

```
import requests

url = 'http://www.webscrapingfordatascience.com/postform3/'

# No GET request needed?
```

```
formdata = {
    'name': 'Seppe',
    'gender': 'M',
    'pizza': 'like',
    'haircolor': 'brown',
    'comments': ''
    }

r = requests.post(url, data=formdata)

print(r.text)
# Will show: Are you trying to submit information from somewhere else?
```

奇怪的是：在这种情况下，网络服务器如何知道我们正尝试在 Python 中执行 POST 请求？答案就在于一个额外的表单元素，它现在存在于 HTML 的源代码中（值可能有所不同）：

```
<input type="hidden" name="protection" value="2c17abf5d5b4e326bea802600ff88405">
```

可以看出，这个表单包含一个新的 hidden 字段，它将与其余表单数据一起提交，并命名为“protection”。如何将它直接包含到 Python 的源代码中，如下所示：

```
import requests

url = 'http://www.webscrapingfordatascience.com/postform3/'

formdata = {
    'name': 'Seppe',
    'gender': 'M',
    'pizza': 'like',
    'haircolor': 'brown',
    'comments': '',
    'protection': '2c17abf5d5b4e326bea802600ff88405'
    }
r = requests.post(url, data=formdata)

print(r.text)
# Will show: You waited too long to submit this information. Try
<a href="./">again</a>.
```

假设在运行此代码之前等待了一分钟，网络服务器现在将响应出一条消息，指示它不想处理此请求。实际上，我们可以确认每次刷新浏览器页面时，“protection”字段似乎都会随机地发生变化。为了解决这个问题，我们别无选择，只能先使用 GET 请求获取表单的 HTML 源代码，以此来获取“protection”字段的值，然后在后续的 POST 请求中使用该值。通过再次引入 Beautiful Soup 可以很容易地完成：

```
import requests
from bs4 import BeautifulSoup

url = 'http://www.webscrapingfordatascience.com/postform3/'

# First perform a GET request
r = requests.get(url)

# Get out the value for protection
html_soup = BeautifulSoup(r.text, 'html.parser')
p_val = html_soup.find('input', attrs={'name': 'protection'}).get('value')

# Then use it in a POST request
formdata = {
    'name': 'Seppe',
    'gender': 'M',
    'pizza': 'like',
    'haircolor': 'brown',
    'comments': '',
    'protection': p_val
    }

r = requests.post(url, data=formdata)

print(r.text)
```

上面的示例阐述的是一种保护措施，你会在现实生活中不时地遇到这种情况。网站管理员不一定是采用这样的额外措施来阻止网络爬取，虽然这会使爬取工作更加困难，但现在我们已经知道了如何解决）。采取这种措施的主要目的是出于安全考虑和改善用户体验。例如，防止相同的信息被提交两次（可以使用相同的“protection”值），或者是为了防止攻击，用户被骗去访问某个特定的网页，在这个网页上，JavaScript 代码将试图对另一个站点执行 POST 请求，例如，启动转账或试图获取敏感信息。因此，安全的网站通常会在其网页上包含此类附加检查。

状态查看 有一种网络服务器堆栈技术，因使用 Microsoft 的 ASP 和 ASP.NET 字段而闻名。在大多数情况下，使用这种技术构建的网站将包含所有形式的隐藏输入元素，其名称设置为隐藏的“__VIEWSTATE”，以及一个可能非常长的加密值。当试图对使用这种堆栈构建的站点执行 POST 请求时，不包括这个表单元素将导致结果无法显示出你所期望的内容，这通常是网络爬取遇到的第一个令人烦恼的问题。解决方案很简单：只需在 POST 请求中包含这些内容即可。请注意，在 HTTP 响应中发送的结果页面可能会再次包含此类“__VIEWSTATE”元素，因此必须确保一次又一次地获取该值以将其包含在后续每个 POST 请求中。

在结束本节之前还有一些值得一提的事情。首先，毫无疑问，你已经注意到我们现在使用的 params 和 data 参数看起来非常相似。如果 GET 请求使用 URL 参数，并且 POST 请求作为 HTTP 请求体的一部分发送数据，那么当我们可以通过使用 requests.get 或 request.post 方法指定请求类型时，为什么还需要分隔参数？答案在于，HTTP 的 POST 请求中包含带参数的 URL 请求以及包含表单数据的请求体，这是完全没问题的。因此，如果在页面的源代码中遇到“<form>”标签定义：

```
<form action="submit.html?type=student" method="post">
[...]
</form>
```

你将不得不使用 Python 书写如下内容：

```
r = requests.post(url, params={'type': 'student'}, data=formdata)
```

你可能还想知道如果我们尝试在 URL 参数和表单数据中包含相同的信息会发生什么：

```
import requests

url = 'http://www.webscrapingfordatascience.com/postform2/'

paramdata = {'name': 'Totally Not Seppe'}
formdata = {'name': 'Seppe'}
r = requests.post(url, params=paramdata, data=formdata)

print(r.text)
```

这个特定的网页将简单地忽略 URL 参数并将表单数据考虑进去，但事实并非总是如此。而且，即使“<form>”指定“POST”作为其“method”参数，也可能会有一些罕见的情况，你也可以将这些信息作为 URL 参数提交，而不是使用一个简单的 GET 请求。这些情况很少见，但也有可能会发生。尽管如此，最好的建议是尽可能使用从网页中观察到的规律。

最后，有一种表单元素我们之前没有讨论过。有时，你会遇到允许你将文件从本地计算机上传到网络服务器的表单：

```
<form action="upload.php" method="post" enctype="multipart/form-data">
  <input type="file" name="profile_picture">
  <input type="submit" value="Upload your profile picture">
</form>
```

请注意此源代码段中的“file”输入元素，以及现在“<form>”标签中的“enctype”参数。要理解这个参数的含义，需要谈一下表单编码。简而言之，在将表单中的信息嵌入HTTP的POST请求体之前，Web表单将首先“编码”表单中包含的信息。目前，HTML标准提供了三种方式来实现这种编码（最终将作为“Content-Type”请求头的值）。

- application/x-www-form-urlencoded（默认值）：这里，请求体的格式与我们在URL参数中看到的格式类似，因此名称为“urlen-coded”，即使用&符号（“&”）和等号（“=”）分隔数据字段和名称——值部分。只是在URL中，某些字符应以特定方式编码，这些请求将自动执行。
- text/plain：由HTML 5引入，通常仅用于调试目的，因此在现实生活中极为罕见。
- multipart/form-data：这种编码方法要复杂得多，但允许我们在请求体中包含文件内容，这些文件内容可能是二进制、非文本数据的形式，因此需要一个单独的编码机制。

例如，考虑包含一些请求数据的HTTP POST请求：

```
POST /postform2/ HTTP/1.1
Host: www.webscrapingfordatascience.com
Content-Type: application/x-www-form-urlencoded
[... Other headers]

name=Seppe&gender=M&pizza=like
```

现在考虑使用“multipart/form-data”编码请求数据的HTTP POST请求：

```
POST /postform2/ HTTP/1.1
Host: www.webscrapingfordatascience.com
Content-Type: multipart/form-data; boundary=BOUNDARY
[... Other headers]

--BOUNDARY
Content-Disposition: form-data; name="name"
Seppe
--BOUNDARY
Content-Disposition: form-data; name="gender"

M
--BOUNDARY
Content-Disposition: form-data; name="pizza"

like
```

```
--BOUNDARY
Content-Disposition: form-data; name="profile_picture"; filename="me.jpg"
Content-Type: application/octet-stream

[... binary contents of me.jpg]
```

当然，这里的请求体看起来比较复杂，虽然可以看到“multipart”对象来源于使用“boundary”字符串把请求数据分成多个部分，该字符串由请求调用者（大多数情况下是随机的）确定。幸运的是，在使用requests时不需要过多地关注这个问题。要上传文件，只需使用另一个名为files的参数（可以与data参数一起使用）：

```
import requests

url = 'http://www.webscrapingfordatascience.com/postform2/'

formdata = {'name': 'Seppe'}
filedata = {'profile_picture': open('me.jpg', 'rb')}
r = requests.post(url, data=formdata, files=filedata)
```

该库将负责在POST请求中设置适当的头（包括选择边界）以及正确地编码请求体。

多个文件 对于可以上传多个文件的表单，通常会发现它们使用多个“<input>”标签，每个标签都有不同的名称。提交多个文件然后归结为在files参数字典中放入更多的键——值对。HTML标准还提供了一种使用“multiple”的HTML参数，仅通过一个元素提供多个文件的方法。要在requests中处理，可以将一个列表传递给files参数，每个元素都是一个有两个条目的元组：form字段名，它可以在整个列表中多次显示，并且该元组本身包含open调用和正在发送的其他文件信息的元组。读者可以在requests文档的“POST Multiple Multipart-Encoded Files”下找到更多有关这方面的信息，不过在实践中很少遇到这样的上传形式。

4.2 其他HTTP请求方法

既然已经知道了HTTP的GET和POST请求是如何工作的，我们可以再花点时间讨论其他HTTP方法。

- GET：GET方法要求指定URL的表示形式。使用GET的请求应仅检索数据，并且不应具有其他作用，如保存或更改用户信息或执行其他操作。换句话说，

GET 请求应该是“幂等的”，这意味着多次执行同样的请求应该返回同样的结果。请记住，URL 参数可以包含在请求 URL 中（对于其他任何的 HTTP 方法也是如此），尽管 GET 请求在技术上也可以包含可选的请求体，但 HTTP 标准不建议这样做。因此，网络浏览器在执行 GET 请求时不在请求体中包含任何内容，并且大多数（如果不是全部）API 也不使用它们。

- POST：POST 方法指示数据作为特定 URL 的一部分进行提交，例如，论坛消息、文件上传、填写表单等。与 GET 相反，POST 请求不是幂等的，这意味着提交 POST 请求可能会造成网络服务器资源的更改，例如更新个人资料、确认资金交易、购买等。POST 请求将提交的数据编码为请求正文的一部分。
- HEAD：HEAD 方法要求响应，就像 GET 请求一样，但是它向网络服务器指示它不需要发送响应体。这在你只需要响应头而不是实际的响应内容时非常有用。HEAD 请求不能有请求体。
- PUT：PUT 方法要求已经提交的数据应该存储在提供的请求 URL 下，如果它不存在则创建它。就像 POST 一样，PUT 请求有一个请求体。
- DELETE：DELETE 方法要求删除 URL 下列出的数据。DELETE 请求没有请求体。
- CONNECT、OPTIONS、TRACE 和 PATCH：这些是一些不太常见的请求方法。CONNECT 通常用于请求网络服务器在客户端和目标之间建立直接 TCP 网络连接（网络代理服务器将使用此类请求）；TRACE 指示网络服务器仅将请求发送回客户端（用于调试以查看连接的中间人是否在中间某处更改了请求）；OPTIONS 请求网络服务器列出它为特定 URL 接受的 HTTP 方法（这可能看起来很有帮助，但很少使用）；PATCH 最终允许我们对特定资源进行部分修改。

综上所述，HTTP 方法集似乎很好地对应于 SQL（结构化查询语言）命令的基本集合，用于在关系数据库中查询和更新信息，即给定 URL，GET 来“SELECT”资源，POST 来“UPDATE”它，PUT 来“UPSERT”它（“UPDATE”或不存在时“INSERT”），以及 DELETE 来“DELETE”它。话虽这么说，但这不是网络浏览器的工作方式。我们在上面已经看到，大多数网络浏览器只能使用 GET 和 POST 请求。这意味着，如果在社交网站上创建新的配置文件，表单数据将仅通过 POST 请求提交，而不是 PUT。如果稍后更改配置文件，则使用另一个 POST 请求。即使你想要删除自己的个人资料，此操作也会通过 POST 请求完成。

但是，这并不意味着requests不支持这些方法。除了`requests.get`和`requests.post`之外，你还可以使用`requests.head`、`requests.put`、`requests.delete`、`requests.patch`和`requests.options`方法。

> 关于 API 一词　即使网络浏览器可能只处理 GET 和 POST 请求，但也有各种各样的网络协议将自己置于 HTTP 协议之上，并使用其他请求方法。此外，你会发现许多由 Facebook、Twitter、LinkedIn 等提供的 API 也通过 HTTP 公开了它们的函数，还可能使用了其他 HTTP 请求方法，这种做法通常被称为 REST（具象状态传输）。了解可以通过 requests 访问这些请求是很有帮助的。网络爬取和使用 API 之间的区别主要在于请求和响应的结构。使用 API 将以结构化的格式（例如 XML 或 JSON）获取内容，这些内容可以通过计算机程序轻松解析。常规的网页内容主要以 HTML 格式的文本返回。这对于读者在使用它完成网络浏览器之后的工作很有用，但对于计算机程序来说并不是很方便。因此需要 Beautiful Soup 这样的库。但请注意，并非所有 API 都构建在 HTTP 之上，因为其中有一些使用其他协议，例如 SOAP（简单对象访问协议），这就需要另一组库来访问它们。

4.3　关于头的更多信息

现在我们已经完成了 HTTP 请求方法的概述，是时候仔细研究 HTTP 的另一部分请求头以及它在网络爬取时的起到的作用了。到目前为止，我们一直依赖于构建和发送这些头的请求。然而，在很多情况下，我们必须自己修改它们。

开始使用以下示例：

```
import requests

url = 'http://www.webscrapingfordatascience.com/usercheck/'

r = requests.get(url)

print(r.text)
# Shows: It seems you are using a scraper

print(r.request.headers)
```

请注意，该网站回应“ It seems you are using a scraper!”，它是如何知道的？当我们在普通浏览器中打开同一页面时，我们会看到“ Welcome, normal user”，答案在于 requests 库发送的请求头：

```
{
 'User-Agent': 'python-requests/2.18.4',
 'Accept-Encoding': 'gzip, deflate',
 'Accept': '*/*',
 'Connection': 'keep-alive'
}
```

Requests 库试图保持规范，并包含一个“User-Agent”头来声明自己。当然，那些想要阻止爬取访问其内容的网站可以通过一个简单的检查来阻止特定用户代理访问它们的内容。因此，我们将不得不修改我们的请求头来混合使用。在 requests 中，可以通过另一个 headers 参数轻松地发送自定义头：

```
import requests

url = 'http://www.webscrapingfordatascience.com/usercheck/'

my_headers = {
  'User-Agent': 'Mozilla/5.0 (Windows NT 10.0; Win64; x64)
  AppleWebKit/537.36 ' + ' (KHTML, like Gecko) Chrome/61.0.3163.100
                Safari/537.36'
}

r = requests.get(url, headers=my_headers)

print(r.text)
print(r.request.headers)
```

这很有用。请注意，headers 参数不会完全覆盖默认头，而是更新它，同时保留默认条目。

除了“User-Agent”头之外，还有另一个值得特别提及的头：“Referer”头（最初是 referrer 的拼写错误，并且从那时起一种保持这种方式）。浏览器包含此头以指示网页的 URL 链接到所请求的 URL。一些网站会检查这一点，以阻止深层链接的工作。为了验证这一点，请在浏览器中导航到 http://www.webscrapingfordatascience.com/referercheck/ 并单击“secret page”链接。你将链接到另一个页面（http://www.webscrapingfordatascience.com/referercheck/secret.php），其中包含文本“This is a totally secret page”，现在尝试直接在新的浏览器选项卡中打开此 URL。你会看到一条消息：“Sorry, you seem to come from another web page。”requests 中也是如此：

```
import requests

url = 'http://www.webscrapingfordatascience.com/referercheck/secret.php'
```

```
r = requests.get(url)

print(r.text)
# Shows: Sorry, you seem to come from another web page
```

尝试使用浏览器的 Developer tools 检查浏览器发出的请求，看看是否可以发现正在发送的“Referer”头。你会注意到对于“secret page”的 GET 请求响应内容为“http://www.webscrapingfordatascience.com/referercheck/”。当从其他网站链接或在新标签页中打开时，此 referrer 字段将不同或不包含在请求头中。特别是托管图片库的网站通常会采用这种策略来防止图像被直接包含在其他网页中（他们希望图像只能从自己的网站上看到，并且想要阻止用图片来支付其他页面的托管成本）。当请求中遇到此类检查时，我们也可以简单地对“Referer”头进行包装：

```
import requests

url = 'http://www.webscrapingfordatascience.com/referercheck/secret.php'

my_headers = {
  'Referer': 'http://www.webscrapingfordatascience.com/referercheck/'
}

r = requests.get(url, headers=my_headers)

print(r.text)
```

正如之前在各种场合所看到的那样，请记住，网络服务器在发送的头方面也会非常严格。罕见情况（例如头的顺序、具有相同头名称的多个头行或请求中包含的自定义头）都可能在现实生活中发生。如果发现请求未返回期望浏览器在使用该站点时观察到的结果，请通过 Developer tools 检查头，以确切了解到底发生了什么，并在 Python 中尽可能地复制它。

重复的请求和响应头　就像 `data` 和 `params` 参数一样，`headers` 可以接受 `OrderedDict` 对象，这对头的排序很重要。但是需要注意此处不允许传递列表，因为 HTTP 标准不允许多个请求头行具有相同的名称。但允许使用逗号进行分隔来为同一个头提供多个值，如“`Accept-Encoding:gzip,deflate`”行。在这种情况下，可以只传递请求的值。然而，这并不是说一些非常奇怪的网站或 API 可能仍然使用一个偏离标准的设置，并在请求中的多行中检查相同的头。在这种情况下，别无选择，而只能实施一个 hack 来扩展请求。请注意，请求头可以包含多个具有相同名称的行。请求将使用逗号自动加入它们，并在访问 `r.headers` 时将它们放在一个条目下。

最后，还应该仔细查看 HTTP 返回的头。首先从不同的 HTTP 响应的状态码开始。在大多数情况下，状态码为 200，即成功请求的标准响应。完整的状态码范围可分为以下几类。

- 1XX：信息状态码，表示已收到并理解请求，但服务器指示客户端应等待额外的响应，一般在网络上很少遇到。
- 2XX：成功状态码，表示已收到并理解和成功处理了请求。这里最普遍的是 200（“OK”），但 204（“No Content”—表示服务器不会返回任何内容）和 206（“Partial Content”—表示服务器仅提供部分资源，例如视频片段）有时也会出现。
- 3XX：重定向状态码，表示客户端必须采取其他操作来完成请求，通常是通过执行可以找到实际内容的新请求。例如，301（“Moved Permannently”）表示这个和所有未来的请求应该指向给定的 URL，而不是使用的 URL；302（“Found”）和 303（“See Other”）表示对请求的响应可以在另一个 URL 下找到；304（“Not Modified”）用于指示资源未被修改，因为网络浏览器在其缓存相关头中指定了版本，并且浏览器只能重用其以前下载的副本；307（“Temporary Redirect”）和 308（“Permanent Redirect”）表示应该临时或永久地重复使用另一个 URL 请求。稍后使用 requests 来了解更多有关重定向的信息。
- 4XX：客户端错误状态码，表示请求引起的错误。这里最常见的状态代码是 404（“Not Found”），表示无法找到所请求的资源，但稍后可能会提供可用的资源；410（“Gone”）表示请求的资源可用一次但将不再可用；400（“Bad Request”）表示 HTTP 请求格式不正确；401（“Unauthorized”）用于指示所请求的资源未经授权不可用；而 403（“Forbidden”）表示请求有效，包括身份验证，但用户没有正确的凭据来访问此资源；405（“Method Not Allowed”）来指示使用了不正确的 HTTP 请求方法。尽管某些状态码并不是太常用，标准中还是定义了 402（“Payment Required”）、429（“Too Many Requests”）、甚至 451（“Unavailable For Legal Reasons”）。
- 5XX：服务器错误状态码，表示请求显示有效，但服务器无法处理它。500（“Internal Server Error”）是此集合中最通用且最常遇到的状态码，表示服务器代码中可能存在错误或有其他错误。

常见状态码　尽管有许多状态码可用于处理各种不同的结果和情况，但大多数网络服务器在使用它们时不会过于细化或具体。因此，获得状态码 500 并不常见，相反 400、403 或 405 的状态码更多地出现。在页面出现之前，也可能得到 404 的结果代码，但 410 可能更多。此外，不同的 3XX 状态代码有时也可互换使用。因此，最好不要过度思考状态码的定义，而应该只看特定服务器正在响应的内容。

从上面的列表中，重定向和身份验证值得仔细研究。我们先来看看重定向，在浏览器中打开页面 http://www.webscrapingfordatascience.com/redirect/，会发现立即执行另一个页面（“destination.php”）。现在，在浏览器的 Developer tools 中检查 network 请求时再次执行相同操作（在 Chrome 中，应启用“Preserve log”选项以防止 Chrome 在重定向发生后清除日志）。请注意浏览器是如何发出两个请求的：第一个是原始 URL，现在返回 302 状态码。此状态码指示浏览器对“destination.php”的 URL 执行第二次请求。浏览器如何知道 URL 应该是什么？通过检查原始 URL 的响应，会注意到现在存在一个“Location”的响应头，其中包含要重定向到的 URL。请注意，我们在 HTTP 响应中还包含了另一个头：“SECRET-CODE”，稍后我们将在 Python 示例中使用它。首先，让我们看看 requests 如何处理重定向：

```
import requests

url = 'http://www.webscrapingfordatascience.com/redirect/'
r = requests.get(url)

print(r.text)
print(r.headers)
```

请注意，我们得到与最终目的地相对应的 HTTP 响应（“you've been redirected here from another page!”）。在大多数情况下，这种默认行为非常有用：requests 足够聪明，它可以在收到 3XX 状态代码时自行“跟踪”重定向。但如果这不是我们想要的呢？如果想获取原始页面的内容怎么办？这在浏览器中也没有显示，但可能会有相关的响应内容。如果我们想手动查看“Location”和“SECRET-CODE”的内容怎么办？为此，你可以通过 `allow_redirects` 参数简单地关闭以下重定向的 requests 默认行为：

```
import requests

url = 'http://www.webscrapingfordatascience.com/redirect/'
```

```
r = requests.get(url, allow_redirects=False)

print(r.text)
print(r.headers)
```

现在将显示：

```
You will be redirected... bye bye!
{'Date': 'Fri, 13 Oct 2017 13:00:12 GMT',
 'Server': 'Apache/2.4.18 (Ubuntu)',
 'SECRET-CODE': '1234',
 'Location': 'http://www.webscrapingfordatascience.com/redirect/
            destination.php',
 'Content-Length': '34',
 'Keep-Alive': 'timeout=5, max=100',
 'Connection': 'Keep-Alive',
 'Content-Type': 'text/html; charset=UTF-8'}
```

在很多情况下，你需要关闭重定向，然而在重定向之前先获取响应头（例如“SECRET-CODE”）可能是必要的。然后，你必须手动检索“Location”头以执行下一个 `requests.get` 调用。

> **重定向**　3XX 的重定向状态码通常由网站使用，例如，在 POST 请求处理数据之后的 HTTP 响应中，可以将浏览器发送到确认页面（然后可以使用 GET 请求）。这是防止用户连续两次提交相同 POST 请求的另一项措施。请注意，3XX 状态码不是将浏览器发送到其他位置的唯一方式。重定向指令也可以通过 HTML 文档中的“<meta>”标签提供，其中可以包含可选的倒计时（这些网页通常会显示“You'll be redirected after 5 second”形式的内容），或通过一段 JavaScript 代码，也可以触发重定向指令。

最后，让我们仔细看看 401（“Unauthorized”）状态码，这似乎表明 HTTP 提供了某种身份验证机制。实际上，HTTP 标准包括许多认证机制，其中一个可以通过访问 URL http://www.webscrapingfordatascience.com/authentication/ 看到。你会注意到此站点通过浏览器请求用户名和密码。如果按下“Cancel”，你将注意到该网站以 401（“Unauthorized”）结果作出回应。尝试刷新页面并输入任何用户名和密码组合。服务器现在将以正常的 200（“OK”）进行响应。这里实际发生的是以下内容：

- 浏览器对页面执行正常的 GET 请求，并且不包含任何身份验证信息。
- 该网站以 401 响应和一个“WWW-Authenticate”头进行响应。

- 浏览器将以此为契机，要求输入用户名和密码。如果按下“Cancel”，此时将显示 401 响应。
- 如果用户提供用户名和密码，浏览器将执行额外的 GET 请求，其中包含“Authorization”头和用户名及密码的编码（虽然不是通过非常强大的加密机制）。
- 网络服务器再次检查此请求，例如，验证已发送的用户名和密码。如果一切都很好，服务器响应 200。否则，发送 403（“Forbidden”）（例如，如果密码不正确，或者用户无权访问此页面）。

在 requests 中，使用基本身份验证执行请求就像包含“Authorization”头一样简单，因此我们仍需要弄清楚如何加密用户名和密码。requests 使用 `auth` 参数提供了另一种方法，而不是自己执行此操作：

```
import requests

url = 'http://www.webscrapingfordatascience.com/authentication/'

r = requests.get(url, auth=('myusername', 'mypassword'))

print(r.text)
print(r.request.headers)
```

除了这种非常不安全的基本身份验证机制（并且只应由网站与 HTTPS 结合使用，否则你的信息将通过加密传输，而这种加密可以很容易地被破解），HTTP 还支持其他方案，比如需要支持的基于摘要的认证机制。虽然有些旧站点有时仍然使用 HTTP 身份验证，但你不会再发现此 HTTP 组件会经常被使用。大多数网站都倾向于使用 Cookie 来处理身份验证，这将在第 4.4 节讨论。

4.4 使用 Cookie

综合考虑，HTTP 是一种相当简单的网络协议。它基于文本，遵循基于请求和响应的简单通信方案。在最简单的情况下，HTTP 中的每个请求——响应周期都涉及建立一个全新的底层网络连接，尽管 1.1 版本的 HTTP 标准允许我们建立“保持活跃”的连接，其中网络连接在一段时间内保持打开状态，以便可以通过同一连接交换多个请求——响应 HTTP 消息。

然而，这种简单的基于请求——响应的方法给网站带来了一些问题。从网络服务器的角度来看，每个传入的请求都完全独立于以前的任何请求，并且可以单独处理。但是，这不是用户对大多数网站所期望的。例如，想想一个可以将商品添加到购物车的在线商店，访问结帐页面时，我们希望网络服务器能够“记住”我们之前选择和添加的项目。类似地，当在 Web 表单中提供用户名和密码来访问受保护的页面时，网络服务器需要具有一些记住我们的机制，即确定传入的 HTTP 请求与之前进入的请求相关。

简而言之，在引入 HTTP 之后不久，就需要在其上添加状态机制，或者换句话说，为 HTTP 服务器添加“记住”用户的“会话”信息的能力，使其可以访问多个页面。

请注意，基于上面学习的内容，我们已经能够使用一些方法给网站添加某些功能：

- 我们可以包含一个特殊标识符作为 URL 参数，用于“链接”对同一用户的多次访问，例如“checkout.html?visitor=20495”。
- 对于 POST 请求，我们可以使用相同的 URL 参数，也可以在隐藏表单字段中包含“会话”标识符。

一些较旧的网站确实使用这种机制，但这有几个缺点：

- 如果毫无戒心的用户复制链接并将其粘贴到电子邮件中会发生什么？这意味着现在打开此链接的另一方将被视为同一用户，并且将能够查看其所有信息。
- 如果关闭并重新打开浏览器会发生什么？在重新开始的过程中我们必须再次登录，再次执行所有步骤。

> **链接请求** 请注意，你可能还会提出其他的将请求链接在一起的方法。比如，对于访问用户，使用 IP 地址（可能与 User-Agent 结合使用）会怎样？遗憾的是，这些方法都带有类似的安全问题和缺点。IP 地址可以更改，并且多台计算机可以共享相同的面向公众的 IP 地址，这意味着所有的办公室计算机都将以相同的“用户”出现在网络服务器上。

为了以更稳定的方式解决这个问题，在 HTTP 中标准化了两个头，以便设置和发送“ Cookie”小文本信息。这种工作方式相对简单。发送 HTTP 响应时，网络服务器可以包含“Set-Cookie”头，如下所示：

```
HTTP/1.1 200 OK
Content-type: text/html
Set-Cookie: sessionToken=20495; Expires=Wed, 09 Jun 2021 10:10:10 GMT
Set-Cookie: siteTheme=dark
[...]
```

请注意，服务器在此处使用相同的名称发送两个头。或者，也可以用一行来提供完整的头，其中每个 Cookie 将用逗号分隔，如下所示：

```
HTTP/1.1 200 OK
Content-type: text/html
Set-Cookie: sessionToken=20495; Expires=Wed, 09 Jun 2021 10:10:10 GMT,
siteTheme=dark
[...]
```

> **首字母大写**　一些网络服务器也将全部使用小写的“set-cookie”来发送 Cookie 头。

“Set-Cookie”头的值遵循一个明确定义的标准：

- 提供 Cookie 名称和 Cookie 值，用等号“=”分隔。例如，在上面的示例中，Cookie 的“sessionToken”被设置为“20495”，是服务器用来识别后续的页面访问属于同一个会话的标识符。另一个名为“siteTheme”的 Cookie 设置为“dark”值，用于存储用户对网站颜色主题的偏好。
- 另外，也可以指定其他属性，并用分号“;”分隔。在上面的示例中，为“sessionToken”设置了“Expires”属性，表示浏览器应将 Cookie 存储到提供的日期之前。或者，可以使用“Max-Age”属性来获得类似的结果。如果未指定这些，则在浏览器窗口关闭后会指示浏览器删除 Cookie。

> **手动删除**　请注意，“expires”或“Max-age”属性的设置不应被视为一个严格指令。例如，用户可以手动删除 Cookie，也可以简单地切换到另一个浏览器或设备。

- 还可以设置“Domain”和“Path”属性来定义 Cookie 的范围。它们本质上告诉浏览器 Cookie 属于什么网站，因此在后续请求中包含 Cookie 信息（稍后将详细介绍）。Cookie 只能在当前资源的顶级域及其子域中设置，而不能在其他域及其子域中设置，否则网站将能够控制其他域的 Cookie。如果服务器未指定“Domain”和“Path”属性，则它们默认为所请求资源的域和路径。
- 最后，还有“Secure”和“HttpOnly”属性，这些属性没有附加值。“Secure”属性表示浏览器应限制此 Cookie 与加密传输（HTTPS）的通信。“HttpOnly”属性告诉浏览器不要通过 HTTP（和 HTTPS）请求以外的通道公开 Cookie。这意味着无法通过 JavaScript 访问 Cookie。

安全会话　请注意，在为会话相关的Cookie定义值时需要小心，例如上面的"sessionToken"。如果将其设置为易于猜测的值，例如用户ID或电子邮件地址，恶意行为者很容易伪造该值，我们稍后会看到。因此，大多数会话标识符最终将以难以猜测的方式随机构建。网站经常使会话的Cookie过期，或者不时用新的会话标识符替换它们也是一种好习惯，以防止所谓的"Cookie劫持"：窃取其他用户的Cookie以假装是他们。

当浏览器收到"Set-Cookie"头时，它会将其信息存储在其内存中，并在所有后续的HTTP请求中包含Cookie信息（只要"Domain""Path""Secure"和"HttpOnly"检查通过）。为此，在HTTP请求中使用另一个头，简单命名为"Cookie"：

```
GET /anotherpage.html HTTP/1.1
Host: www.example.com
Cookie: sessionToken=20495; siteTheme=dark
[...]
```

请注意，这里的Cookie名称和其值简单地包含在一个头行中，并用分号（";"）分隔，而不像其他多值头的情况那样用逗号分隔。然后网络服务器能够在其末端解析这些Cookie，从而推断出该请求属于与前一个相同的会话，或者使用提供的信息做其他事情（例如确定要使用的颜色主题）。

可恶的Cookie　Cookie是现代网络工作的重要组成部分，但在过去几年中，它已经声名狼藉，特别是在EU Cookie Directive被通过之后，并在新闻中提到Cookie是社交网络在互联网上追踪你的一种方式。Cookie本身实际上是无害的，因为它们只能被发送到设置它们的服务器或同一域中的服务器上。但是，一个网页可能包含存储在其他域中的服务器上的图像或其他组件，并且为了获取这些图像，浏览器将在请求中发送属于这些域的Cookie。也就是说，你可能正在访问"www.example.com"上的某个页面，该页面只会发送属于该域的Cookie，但该网站可能会托管来自其他网站的图片，例如"www.facebook.com/image.jpg"。要获取此图片，新的请求将被发送，其中包括Facebook的Cookie。此类Cookie被称为"第三方Cookie"，并且经常被广告商和其他人用于跟踪互联网上的用户：如果Facebook（或广告商）发现原始网站将图像URL设置为"www.facebook.com/image.jpg?i_ came_from=www-example-org"，它将能够把提供的信息拼接在一起并确定哪些用户正在访问哪些站点。许多隐私维权人士警告不要使用此类 Cookie，任何浏览器厂商都有内置的方法来阻止发送此类 Cookie。

指纹　由于对第三方 Cookie 的强烈反对，网上的许多发布商一直在寻找其他方法来跟踪用户。已经开发的 JSON Web Tokens、IP 地址、ETAG 标头、Web 存储、Flash 和许多其他方法都可以在浏览器中设置方便以后检索的信息，这样用户就可以被记住。或者是“指纹”，设备和浏览器以显示指纹这样的方式，在整个访问者群体中，指纹是独一无二的，因此也可以用作唯一的标识符。一些特别恼人的方法是使用各种技术的组合来设置“evercookies”，这在设备上很难清除。不足为奇的是浏览器供应商也在继续采取措施来防止这种做法。

现在让我们通过一些例子来了解如何在请求中处理 Cookie。即将探索的第一个例子可以在 http://www.webscrapingfordatascience.com/cookielogin/ 找到。你将看到一个简单的登录页面。成功登录（你可以使用此示例中的任何用户名和密码）的用户能够访问网站 http://www.webscrapingfordatascience.com/cookielogin/secret.php 上的 secret page 页面。尝试关闭和重新打开浏览器（或者打开一个 Incognito 或 Private Mode 浏览器选项卡）直接访问 secret page 的 URL，服务器将会检测到你没有发送正确的 Cookie 信息并阻止你查看密码。尝试使用 requests 直接访问此页面时可以观察到相同的情况：

```
import requests

url = 'http://www.webscrapingfordatascience.com/cookielogin/secret.php'

r = requests.get(url)

print(r.text)
# Shows: Hmm... it seems you are not logged in
```

显然，我们需要设置并包含一个 Cookie。为此，我们将使用一个名为 `cookies` 的新参数。请注意，可以使用 `headers` 参数（我们之前看到过）来包含一个“Cookie”头，但会看到 `cookies` 更容易使用，因为 requests 会适当地处理头格式。现在的问题是从哪里获取 Cookie 信息。我们可以使用浏览器的 Developer tools，并从请求头中获取 Cookie 并将其包括如下：

```
import requests

url = 'http://www.webscrapingfordatascience.com/cookielogin/secret.php'
```

```
my_cookies = {'PHPSESSID': 'ijfatbjege43lnsfn2b5c37706'}

r = requests.get(url, cookies=my_cookies)

print(r.text)
# Shows: This is a secret code: 1234
```

但是，如果我们稍后想要使用这个进行爬取，这个特定的会话标识符可能会被刷新并变得无效。

> PHPSESSID　我们使用 PHP 脚本语言为我们的示例提供支持，因此用于标识用户会话的 Cookie 被命名为“PHPSESSID”。其他网站可能使用“session”“SESSION_ID”“session_id”或任何其他名称。但请注意，表示会话的值应以一种难以猜测的方式随机构建。简单地设置 Cookie 为“is_logged_in = true”或“logged_in_user = Seppe”当然很容易被猜到。

因此，需要采用如下更加强大的系统：我们将首先执行模拟登录的 POST 请求，从 HTTP 响应中获取 Cookie 值，并将其用于我们的其余“会话”中。在请求中，我们可以这样做：

```
import requests

url = 'http://www.webscrapingfordatascience.com/cookielogin/'

# First perform a POST request
r = requests.post(url, data={'username': 'dummy', 'password': '1234'})

# Get the cookie value, either from
# r.headers or r.cookies print(r.cookies)
my_cookies = r.cookies

# r.cookies is a RequestsCookieJar object which can also
# be accessed like a dictionary. The following also works:
my_cookies['PHPSESSID'] = r.cookies.get('PHPSESSID')

# Now perform a GET request to the secret page using the cookies
r = requests.get(url + 'secret.php', cookies=my_cookies)

print(r.text)
# Shows: This is a secret code: 1234
```

这是可行的，尽管在现实生活中你将不得不处理更复杂的登录（和 Cookie）流程。在 http://www.webscrapingfordatascience.com/redirlogin/ 上导航到下一个示例，将再次看到相同的登录页面，但需要注意，成功登录后可以立即重定向到 secret page 的页面。如果你使用与上面片段中相同的 Python 代码，将会注意到你不能正确登录，并且从POST请求返回的Cookie是空的。这背后的原因与我们之前见过的事情有关：请求将自动遵循HTTP重定向状态代码，但是在HTTP的POST请求之后的响应中出现了“Set-Cookie”响应头，而不是在重定向页面的响应中。因此，我们需要再次使用`allow_redirects`参数：

```
import requests

url = 'http://www.webscrapingfordatascience.com/redirlogin/'

# First perform a POST request -- do not follow the redirect
r = requests.post(url, data={'username': 'dummy', 'password': '1234'},
                  allow_redirects=False)

# Get the cookie value, either from r.headers or r.cookies
print(r.cookies)

my_cookies = r.cookies

# Now perform a GET request manually to the secret page using the cookies
r = requests.get(url + 'secret.php', cookies=my_cookies)

print(r.text)
# Shows: This is a secret code: 1234
```

最后一个例子，导航到http://www.webscrapingfordatascience.com/trickylogin/。此网站的工作方式大致相同（在浏览器中探索它），但请注意“<form>”标签现在包含“action”属性。因此我们可能会更改代码如下：

```
import requests

url = 'http://www.webscrapingfordatascience.com/trickylogin/'

# First perform a POST request -- do not follow the redirect
# Note that the ?p=login parameter needs to be set
r = requests.post(url, params={'p': 'login'},
                  data={'username': 'dummy', 'password': '1234'},
                  allow_redirects=False)
# Set the cookies
my_cookies = r.cookies

# Now perform a GET request manually to the secret page using the cookies
r = requests.get(url, params={'p': 'protected'}, cookies=my_cookies)

print(r.text)
# Hmm... where is our secret code?
```

这似乎不适用于此示例。这样做的原因是这个特定的例子不仅试图直接提交登录信息，还检查了我们是否实际访问了登录页面。换句话说，我们需要先添加另一个 GET 请求：

```
import requests

url = 'http://www.webscrapingfordatascience.com/trickylogin/'

# First perform a normal GET request to get the form
r = requests.post(url)

# Then perform the POST request -- do not follow the redirect
r = requests.post(url, params={'p': 'login'},
                  data={'username': 'dummy', 'password': '1234'},
                  allow_redirects=False)

# Set the cookies
my_cookies = r.cookies

# Now perform a GET request manually to the secret page using the cookies
r = requests.get(url, params={'p': 'protected'}, cookies=my_cookies)

print(r.text)
# Hmm... still no secret code?
```

这似乎还没有起作用。思考这个问题可以得知，显然服务器会“记住”我们登录系统的方式是通过设置 Cookie，所以我们需要在第一个 GET 请求之后检索该 Cookie 以获取那时的会话标识符：

```
import requests

url = 'http://www.webscrapingfordatascience.com/trickylogin/'

# First perform a normal GET request to get the form
r = requests.post(url)

# Set the cookies already at this point!
my_cookies = r.cookies

# Then perform the POST request -- do not follow the redirect
# We already need to use our fetched cookies for this request!
r = requests.post(url, params={'p': 'login'},
                  data={'username': 'dummy', 'password': '1234'},
                  allow_redirects=False,
                  cookies=my_cookies)

# Now perform a GET request manually to the secret page using the cookies
r = requests.get(url, params={'p': 'protected'}, cookies=my_cookies)

print(r.text)
# Still no secret?
```

同样，这也失败了，其原因（你可以在浏览器中验证这一点）是此站点在作为额外的安全措施登录后更改了会话标识符。

以下代码显示了所发生的事情，并最终得到了我们的 secret code：

```
import requests

url = 'http://www.webscrapingfordatascience.com/trickylogin/'

# First perform a normal GET request to get the form
r = requests.post(url)

# Set the cookies
my_cookies = r.cookies
print(my_cookies)
# Then perform the POST request -- do not follow the redirect
# Use the cookies we got before
r = requests.post(url, params={'p': 'login'},
                  data={'username': 'dummy', 'password': '1234'},
                  allow_redirects=False,
                  cookies=my_cookies)

# We need to update our cookies again
# Note that the PHPSESSID value will have changed
my_cookies = r.cookies
print(my_cookies)

# Now perform a GET request manually to the secret page
# using the updated cookies
r = requests.get(url, params={'p': 'protected'}, cookies=my_cookies)

print(r.text)
# Shows: Here is your secret code: 3838.
```

上面的例子显示了一个关于处理 Cookie 的简单事实，现在我们已经知道它们是如何工作的，这听起来应该不会让人感到惊讶：每当有 HTTP 响应时，我们都应该相应地更新我们的客户端 Cookie 信息。此外，在处理重定向时我们需要小心，因为"Set-Cookie"头可能"隐藏"在原始 HTTP 响应中，而不是在重定向页面的响应中。这很麻烦，而且会很快导致混乱的爬取代码，但是也不要担心，因为 requests 提供了另一种能使所有这些更加直接的应用组件：session。

4.5　requests 库的 session 对象

让我们立即跳转来介绍 requests 库的 session 对象。上面复杂的登录示例可以简单地重写如下：

```
import requests

url = 'http://www.webscrapingfordatascience.com/trickylogin/'

my_session = requests.Session()
r = my_session.post(url)
r = my_session.post(url, params={'p': 'login'},
                    data={'username': 'dummy', 'password': '1234'})
r = my_session.get(url, params={'p': 'protected'})
print(r.text)
# Shows: Here is your secret code: 3838.
```

你会注意到这里发生的一些事情：首先是创建一个 `requests.Session` 对象并使用它来执行 HTTP 请求，使用的方法（`get`、`post`）与上面相同。该示例现在可以工作了，无须担心重定向或手动处理 Cookie 的问题。

这正是 requests 库的 session 对象旨在提供的内容：基本上，它指定各种请求属于同一个会话，因此 requests 应该在后台自动处理 Cookie。这对于用户友好性来说是一个巨大的好处，并且与 Python 中的其他 HTTP 库相比，requests 库更加具有优势。请注意，除了处理 Cookie 之外，session 还提供了额外的好处：如果需要设置全局头字段，例如“User-Agent”头，这可以简单地一次完成，而不是每次都使用 `headers` 参数来创建请求：

```
import requests

url = 'http://www.webscrapingfordatascience.com/trickylogin/'

my_session = requests.Session()
my_session.headers.update({'User-Agent': 'Chrome!'})

# All requests in this session will now use this User-Agent header:

r = my_session.post(url)
print(r.request.headers)

r = my_session.post(url, params={'p': 'login'},
                    data={'username': 'dummy', 'password': '1234'})
print(r.request.headers)

r = my_session.get(url, params={'p': 'protected'})
print(r.request.headers)
```

即使你认为某个网站不会执行头检查或使用 Cookie，但仍然可以创建一个 session 并使用它。

清理 Cookie　你可以通过清除 Cookie 来“清理”session，也可以设置新的

session，或者只需调用：

```
my_session.cookies.clear()
```

这是可行的，因为 RequestsCookieJar 对象（代表 requests 中的 Cookie 集合）的行为类似于普通的 Python 词典。

4.6 二进制、JSON和其他形式的内容

我们几乎已经完成了所有要求提供的服务。然而，还需要讨论一些复杂的问题。到目前为止，我们只使用了获取简单文本或基于 HTML 内容的请求，但请记住，为了呈现网页内容，网络浏览器通常会触发大量 HTTP 请求，包括获取图像的请求。此外，还可以使用 HTTP 请求下载文件，例如 PDF 文件。

PDF 爬取 下文将向你展示如何下载文件，“PDF 爬取”是一个本身就有趣的领域。你可以使用 requests 下载一组 PDF 文件来设置爬取的解决方案，但从这些文件中提取信息可能仍然具有挑战性。但是，已经开发了几种工具来帮助你完成此任务，这些工具超出了范围。例如，可以看一下“PDFMiner”和“slate”库来提取文本，或“tabula-py”库来提取表格。如果愿意切换到 Java，“PDF Clown”也是一个很好的库，可以处理 PDF 文件。最后，对于那些包含扫描图像的烦人的 PDF 文件，诸如“Tesseract”之类的 OCR 软件也可以用来使数据提取自动化。

为了探索 requests 中是如何工作的，我们将在 http://www.webscrapingfordatascience.com/files/kitten.jpg 上使用包含可爱小猫的图像。你可能倾向于使用以下方法：

```
import requests

url = 'http://www.webscrapingfordatascience.com/files/kitten.jpg'
r = requests.get(url)

print(r.text)
```

但是，这不会起作用，并发出“UnicodeEncodeError”。这并不出人意料：因为我们现在正在下载二进制数据，不能用 Unicode 文本表示。我们需要使用 content 来代替使用 text 属性，该内容将 HTTP 响应主体的内容作为 Python 的 bytes 对象返回，然后就可以将其保存到文件中：

```
import requests

url = 'http://www.webscrapingfordatascience.com/files/kitten.jpg'
r = requests.get(url)

with open('image.jpg', 'wb') as my_file:
    my_file.write(r.content)
```

> **不要打印**　打印出 `r.content` 属性并不是一个好的习惯，因为大量的文本会很容易使你的 Python 控制台窗口崩溃。

但请注意，使用此方法时，Python 会将完整文件内容存储在内存中，然后再将其写入文件。处理大文件时，这很容易使计算机的内存容量不堪重负。要解决此问题，requests 还允许通过将 `stream` 参数设置为 True 来传输响应：

```
import requests

url = 'http://www.webscrapingfordatascience.com/files/kitten.jpg'

r = requests.get(url, stream=True)
# You can now use r.raw
# r.iter_lines
# and r.iter_content
```

一旦表明想要发回一个 stream 响应，你就可以使用以下属性和方法：

- `r.raw` 提供响应的 file-like 对象表示。这通常不是直接使用的，其包含在高级应用中。
- `iter_lines` 方法允许你逐行迭代内容正文。这对于大型文本的响应很方便。
- `iter_content` 方法对二进制数据也执行相同操作。

让我们使用 `iter_content` 完成上面的示例：

```
import requests

url = 'http://www.webscrapingfordatascience.com/files/kitten.jpg'

r = requests.get(url, stream=True)

with open('image.jpg', 'wb') as my_file:
    # Read by 4KB chunks
    for byte_chunk in r.iter_content(chunk_size=4096):
        my_file.write(byte_chunk)
```

在使用网站时，你会遇到很多其他形式的内容：JSON（JavaScript Object Notation），一种轻量级的文本数据交换格式，人们可以相对轻松地对其进行读写，并且可以轻松地进行解析和生成。它是基于 JavaScript 编程语言的一个子集，但它的用法已经变得如此普遍，几乎每种编程语言都能够读取和生成它。现在，你会看到这种格式被各种 Web API 大量使用，以结构化的方式提供内容消息。虽然 JSON 已经成为迄今为止最受欢迎的数据交换格式，但也有其他的数据交换格式，例如 XML 和 YAML。

因此，计划使用 requests 访问使用 JSON 的 Web API 时，以及在各种网络爬取情况下，知道如何处理基于 JSON 的请求和响应消息极为必要。要查看示例，请访问 http://www.webscrapingfordatascience.com/jsonajax/。此页面显示了一个简单的 lotto 号码生成器。打开浏览器的 Developer tools，尝试点击几次“ Get lotto numbers”按钮，通过浏览页面的源代码，你会发现：

- 即使此页面上有一个按钮，它也不会被“<form>”标签包装；
- 点击按钮时，页面的一部分会更新，而不会完全重新加载页面；
- Chrome 中的“Network”标签会显示点击按钮时发出的 HTTP POST 请求；
- 你会注意到源代码中的一段代码包含在“<script>”标签内。

该页面使用 JavaScript（在“<script>”标签内）来执行所谓的 AJAX 请求。AJAX 代表异步 JavaScript 和 XML，指的是使用 JavaScript 与 Web 服务器通信。虽然名称对应 XML，但该技术可用于以各种格式发送和接收信息，包括 JSON、XML、HTML 和简单文本文件。AJAX 最吸引人的特性在于其“异步”特性，这意味着它可以用于与 Web 服务器通信而无须完全刷新页面。许多现代网站使用 AJAX 来获取新的电子邮件、获取通知、更新实时新闻提要或发送数据，所有这些都无须执行页面刷新或提交表单。对于这个例子，我们不需要过多地关注 JavaScript 方面，但可以简单地查看它正在进行的 HTTP 请求，看看它是如何工作的：

- 向“results.php”发出 POST 请求。
- “ Content-Type”头设置为“ application/x-www-form-urlencoded”，这和之前一样。客户端 JavaScript 将确保将 JSON 字符串重新格式化为编码的等效字符串。
- POST 请求正文中提交“api_code”。
- HTTP 响应将“ Content-Type”头设置为“ application/json”，指示客户端将结果解析为 JSON 数据。

在 requests 中使用 JSON 格式来回应也很容易。我们可以像以前一样使用文本，例如，手动将返回的结果转换为 Python 的结构（Python 提供了一个 `json` 模块），但是 requests 还提供了一个有用的 `json` 方法来一次执行：

```
import requests

url = 'http://www.webscrapingfordatascience.com/jsonajax/results.php'

r = requests.post(url, data={'api_code': 'C123456'})

print(r.json())
print(r.json().get('results'))
```

但是，这里有一个重要的评论。一些 API 和站点也将使用“application/json”“Content-Type”来格式化请求，并将 POST 数据作为普通 JSON 提交。在这种情况下，使用 requests 的 `data` 参数将不起作用。相反，我们需要使用 `json` 参数，它基本上指示 requests 将 POST 数据格式化为 JSON：

```
import requests

url = 'http://www.webscrapingfordatascience.com/jsonajax/results2.php'

# Use the json argument to encode the data as JSON:
r = requests.post(url, json={'api_code': 'C123456'})

# Note the Content-Type header in the request:
print(r.request.headers)

print(r.json())
```

> 内部 API　即使想要爬取的网站没有提供 API，也始终建议你密切关注浏览器的 Developer tools 网络信息，看看你是否能将基于 JavaScript 驱动的请求指向 URL 端点，从而返回结构良好的 JSON 数据。即使 API 可能没有记录，直接从这种“内部 API”获取信息总是一个好主意，因为这将避免处理 HTML。

到此，对 HTTP 的深入讨论就结束了。第 5 章我们将继续使用 JavaScript。如上所示，可以使用强大的工具集来处理站点，即使它们使用 JavaScript 来执行异步 HTTP 请求。JavaScript 还可以做更多的事情，如使用 JavaScript 来更改网站内容、设置和检查 Cookie、或检查浏览器是否正在访问网站。你仍然会遇到使用 requests 库重复实现以上行为的情况，同时使用 Beautiful Soup 库会变得非常繁琐。在这些情况下，我们别无选择，只能模拟浏览器以爬取网站内容。

第5章 处理 JavaScript

与 HTML 和 CSS 一样，JavaScript 构成了现代网络的第三个也是最后一个核心块。在本书前面的章节中，JavaScript 只是偶尔出现，现在该仔细研究它了。本章将看到：对爬取 JavaScript 构成的页面信息而言，requests 库和 Beautiful Soup 库的组合不再是一种可行的方法。基于此，本章将介绍另一个库：Selenium，用于自动化测试和控制一个完整的网络浏览器。

5.1 什么是 JavaScript

简而言之，JavaScript 和 Python 一样，都是一种高级编程语言。与许多其他编程语言相比，其核心功能在于使网页更具交互性和动态性。很多网站使用 JavaScript 技术，而且现在的网络浏览器都有内置的 JavaScript 引擎。早期，JavaScript 仅在客户端浏览器实现，并且只在此环境中使用。最近几年，JavaScript 作为一种语言逐渐引起了人们的兴趣。目前，不仅在客户端程序能发现 JavaScript 的踪影，在服务器端程序，包括完整的网络服务器中也能发现它的踪影，它甚至可以作为各种桌面应用程序背后的引擎。

> Java 和 JavaScript　现在，这已经成为一个没有实际意义的问题了，但仍然值得一提的是，尽管 JavaScript 和 Java 之间有一些相似之处，但这两种编程语言却截然不同，而且差别很大。

JavaScript 代码可以在 HTML 文档的“<script>”标签内找到：

```
<script type="text/javascript">
```

```
// JavaScript code comes here
</script>
```

或者通过设置“src”属性可以找到其在代码中的位置：

```
<script type="text/javascript" src="my_file.js"></script>
```

我们不打算在这里学习如何编写 JavaScript 程序，但需要弄清楚在试图爬取大量使用 JavaScript 程序的网站信息时如何处理。可以尝试使用目前学到的工具来使用 JavaScript。

5.2　爬取 JavaScript

请导航到 URL 地址：http://www.webscrapingfordatascience.com/simplejavascript/。这个简单的网页显示了三个随机引用，但它是使用 JavaScript 来实现的。检查页面的源代码，你将看到以下 JavaScript 片段：

```
<script>
  $(function() {
  document.cookie = "jsenabled=1";
    $.getJSON("quotes.php", function(data) {
      var items = [];
      $.each(data, function(key, val) {
        items.push("<li id='" + key + "'>" + val + "</li>");
      });
      $("<ul/>", {
        html: items.join("")
        }).appendTo("body");
      });
  });
</script>
```

再次检查元素与查看源代码　这是重新强调查看网页源代码和使用浏览器的开发工具检查元素之间差异的好时机。“View source”选项显示网络服务器返回的 HTML 代码，并且在使用 requests 时它将包含与 `r.text` 相同的内容。另一方面，检查元素可以在网络浏览器解析 HTML 后提供一个“清理后”的版本，并能够提供实时和动态的视图。这就是你可以检查引用元素，但是不能看到它们出现在页面的源代码中的原因：在浏览器检索到页面的内容之后，JavaScript 就会加载它们。

此 JavaScript 片段执行以下操作：

- 代码包含在“$()”函数中。这不是标准 JavaScript 的一部分，而是 jQuery 提供的机制，jQuery 是一个流行的 JavaScript 库，使用另一个“<script>”标签加载。浏览器加载完页面后，将执行函数中定义的代码。
- 函数内部的代码首先设置“jsenabled”的 Cookie 信息。实际上，JavaScript 也能够设置和检索 Cookie。
- 接下来，“getJSON”函数用于执行另一个 HTTP 请求来获取引用，这些引用是通过在“<body>”中插入“<ul>”标签来添加的。

现在让我们看一下如何使用 requests 和 Beautiful Soup 处理这个用例：

```
import requests
from bs4 import BeautifulSoup

url = 'http://www.webscrapingfordatascience.com/simplejavascript/'

r = requests.get(url)

html_soup = BeautifulSoup(r.text, 'html.parser')

# No tag will be found here
ul_tag = html_soup.find('ul')
print(ul_tag)
# Show the JavaScript code
script_tag = html_soup.find('script', attrs={'src': None})

print(script_tag)
```

正如你观察到的那样，页面的内容只是按原样返回，但是 requests 和 Beautiful Soup 都没有包含 JavaScript 引擎，这意味着不会执行任何 JavaScript 程序，并且不会在上面找到“<ul>”标签。对于 Beautiful Soup 而言，“<script>”标签看起来和任何带有一堆文本的 HTML 标签一样，我们将无法解析和查询实际的 JavaScript 代码。

类似这样简单的情况并不一定是个问题。我们知道浏览器正在向“quotes.php”页面发出请求，通过设置 Cookie 仍然可以直接爬取数据：

```
import requests

url = 'http://www.webscrapingfordatascience.com/simplejavascript/quotes.php'

# Note that cookie values need to be provided as strings
r = requests.get(url, cookies={'jsenabled': '1'})

print(r.json())
```

尽管在更复杂的页面上，这样的方法可能会让人望而生畏，但这是很有用的（尝试看看在没有设置Cookie的情况下会发生什么）。有些网站会阻止你在JavaScript代码中使用“逆向工程”的操作。举个例子，请访问http://www.webscrapingfordatascience.com/complexjavascript/。你会注意到此页面通过滚动到列表底部来加载其他引用。检查“<script>”标签现在显示以下容易混淆的代码：

```
<script>
var _0x110b=["","\x6A\x6F\x69\x6E","\x25","\x73[...]\x6C"];
function sc(){
var _0xe9a7=["\x63\x6F\x6F\x6B\x69\x65","\x6E\x6F\x6E\x63\x65\x3D2545"];
document[_0xe9a7[0]]= _0xe9a7[1]
}$(function(){sc();
function _0x593ex2(_0x593ex3){
return decodeURIComponent([...],
function(_0x593ex4){
return _0x110b[2]+ [...]}
$(_0x110b[16])[_0x110b[15]]({
padding:20,
nextSelector:_0x110b[9],
contentSelector:_0x110b[0],
callback:function(){
$(_0x110b[14])[_0x110b[13]](function(_0x593ex5){
$(this)[_0x110b[10]](_0x593ex2($(this)[_0x110b[10]]()));
$(this)[_0x110b[12]](_0x110b[11])})}})})
</script>
```

弄明白这里发生了什么显然是不可能的。对于网络浏览器，解释和运行此代码可能很简单，但对我们人类来说，事实并非如此。幸运的是，在某种程度上，我们仍然可以尝试检查网络请求以找出这里发生的变化：

- 请求再次被发送到带有“p”URL参数的“quotes.php”页面，用于分页。
- 这里使用了两个Cookie：“nonce”和“PHPSESSID”。之前遇到的“PHPSESSID”，只是包含在主页的“Set-Cookie”的响应头中。然而，“nonce”并不是，这表明它可能是通过JavaScript设置的，尽管实际上我们并不知道在哪里（聪明的读者也许能弄明白，但应该继续关注这个例子）。

解析JavaScript　安全研究人员经常尝试解析容易混淆的JavaScript代码以弄清楚特定的代码片段到底在做什么，例如此处看到的代码。显然，这是一项艰巨和使人筋疲力尽的任务。

至少可以尝试使用“nonce”的 Cookie 值来查看是否可以使用 requests 获取任何内容（请注意，“nonce”的 Cookie 值可能不同）：

```
import requests

url = 'http://www.webscrapingfordatascience.com/complexjavascript/'

my_session = requests.Session()

# Get the main page first to obtain the PHPSESSID cookie
r = my_session.get(url)

# Manually set the nonce cookie
my_session.cookies.update({
    'nonce': '2315'
    })

r = my_session.get(url + 'quotes.php', params={'p': '0'})

print(r.text)
# Shows: No quotes for you!
```

遗憾的是，这种操作行不通。尽管可以猜测到代码出了问题，需要搞清楚为什么。我们通过访问主页获得了一个新的会话标识符，就好像我们打开一个新的浏览会话来提供“PHPSESSID”的 Cookie 一样。但是，我们正在重复使用浏览器使用的“nonce”的 Cookie 值。该网页可能会监测到此“nonce”值与“PHPSESSID”信息不匹配。因此，我们别无选择，只能重复使用“PHPSESSID”值。同样，你的浏览器可能会有所不同（检查浏览器的网络请求以查看它为你的会话发送的值）：

```
import requests

url = 'http://www.webscrapingfordatascience.com/complexjavascript/'

my_cookies = {
    'nonce': '2315',
    'PHPSESSID': 'rtc4l3m3bgmjo2fqmi0og4nv24'
    }

r = requests.get(url + 'quotes.php', params={'p': '0'}, cookies=my_cookies)

print(r.text)
```

这至少会给我们带来不同的结果：

```
<div class="quote decode">TGlmZ[...]EtydXNlCg==</div>
<div class="quote decode">CVdoY[...]iBIaWxsCg==</div>
<div class="quote decode">CVNOc[...]Wluc3RlaW4K</div>
<br><br><br><br>
<a class="jscroll-next" href="quotes.php?p=3">Load more quotes</a>
```

这看起来像HTML中包含了我们的引用，但请注意，每个引用似乎都以某种方式编码。显然，在JavaScript方面必须有另一段编程逻辑来解码引用并在获取它们之后进行显示。不过，通过检查JavaScript源代码很难弄清楚这是如何完成的。

此外，可以通过从浏览器上获取Cookie信息“nonce”和“PHPSESSID”来重用它们。一旦网络服务器确定它已经有一段时间没有收到我们的消息，并且我们重新运行具有相同值的脚本，网络服务器也将会拒绝再次应答，因为我们使用的是过时的Cookie。之后我们需要在浏览器中重新加载页面并替换上面脚本中的Cookie值。

> **编码破解** 无可否认，你可能已经认识到这里用来编码引用的编码方案：base64，因此我们也可以在Python中解码它们（这样做很容易）。这当然很好，并且在实际的环境中，可能需要考虑该种方法。但请注意，上面的示例只是想表明JavaScript可能会因尝试逆向工程的操作而变得相对困难。类似地，你可能已经找到“nonce”的Cookie值在上面的JavaScript代码中隐藏的位置，并且可以使用Python的一些正则表达式来获取它，不过这也不是在这里要讨论的问题。

显然，这种方法带来了许多问题，遗憾的是我们无法用迄今为止看到的方法来解决这些问题。这个问题的解决方案很容易描述：我们看到引用出现在我们的浏览器窗口中，它正在执行JavaScript，难道我们不能从那里得到它们吗？事实上，对于大量使用JavaScript的网站，我们别无选择，只能模拟完整的浏览器堆栈，并远离requests和Beautiful Soup。这正是我们在下一节中将要做的，使用另一个Python库：Selenium。

> **浏览器确认** 一些网络公司还将在显示页面内容之前利用JavaScript来检查访问者是否使用真实的浏览器。例如，CloudFlare将其称为“Browser Integrity Check”。在这些情况下，使用requests对其工作进行逆向工程以假装你是浏览器也非常困难。

5.3 使用Selenium爬取网页

Selenium是一款功能强大的网络爬取工具，最初是为网站测试自动化而开发的。Selenium通过浏览器来自动加载网站，检索其内容以及执行用户在使用浏览器时所采取的操作。因此，它也是一种强大的网络爬取工具。Selenium可以通过各种编程语言进行控制，例如 Java、C #、PHP，当然还有 Python。

值得注意的是，Selenium 本身并没有自带的网络浏览器。相反，它需要一个集成软件来与第三方进行交互，该软件称为 WebDriver。WebDriver 适用于大多数现代浏览器，包括 Chrome、Firefox、Safari 和 Internet Explorer。使用这些时，你会在屏幕上看到一个浏览器窗口，并执行你在代码中指定的操作。

无头模式　在下文中，我们将安装并使用 Chrome WebDriver 和 Selenium，你也可以随意使用其他的 WebDriver。同样值得注意的是，虽然在创建网络爬取时观察浏览器正在做什么会有所帮助，但这会带来额外的开销，并且在没有连接显示器的服务器上可能更难进行设置。但也不用担心，因为 Selenium 还为所谓的“无头”浏览器提供了 WebDriver，这些浏览器在不显示图形用户界面的情况下“无形地”运行。如果你想了解更多信息，请查看 PhantomJS WebDriver。PhantomJS 是一个用 JavaScript 编写的“无头”浏览器，经常用于网站测试和爬取（用 JavaScript），但是通过它的 WebDriver 可以作为 Selenium 的引擎，当然也可以用作 Python 的引擎。请注意，就像任何其他现代网络浏览器一样，PhantomJS 将能够渲染 HTML，与 Cookie 一起工作，并在幕后执行 JavaScript。

与 requests 和 Beautiful Soup 的安装方式一样，使用 pip 安装 Selenium 很简单（如果仍然需要设置 Python 3 和 pip，请参阅 1.2.1 节）：

```
pip install -U selenium
```

接下来，我们需要下载 WebDriver。前往 https://sites.google.com/a/chromium.org/chromedriver/downloads 并下载与你的操作系统（Windows、Mac 或 Linux）匹配的最新版本文件。下载的 ZIP 文件在 Windows 系统上包含名为“chromedriver.exe”的可执行文件，否则只包含“chromedriver”。确保 Selenium 可以看到这个可执行文件的最简单方法就是使其与 Python 脚本位于同一目录中，在这种情况下，可以用以下小例子进行测试：

```
from selenium import webdriver

url = 'http://www.webscrapingfordatascience.com/complexjavascript/'

driver = webdriver.Chrome()
driver.get(url)

input('Press ENTER to close the automated browser')
driver.quit()
```

如果希望将 WebDriver 的可执行文件保存在其他位置，可以在 Python 中构建 Selenium webdriver 对象时传递其位置（但是，我们假设你将可执行文件保存在示例的同一目录中，以使后面的示例代码更短一些）：

```
driver_exe = 'C:/Users/Seppe/Desktop/chromedriver.exe'
# If you copy-paste the path with back-slashes, make sure to escape them
# E.g.: driver_exe = 'C:\\Users\\Seppe\\Desktop\\chromedriver.exe'
driver = webdriver.Chrome(driver_exe)
```

如果运行第一个示例，你会注意到出现一个新的 Chrome 窗口，并警告此窗口由自动测试软件控制，见图 5-1。Python 脚本将等待你按回车键，然后退出浏览器窗口。

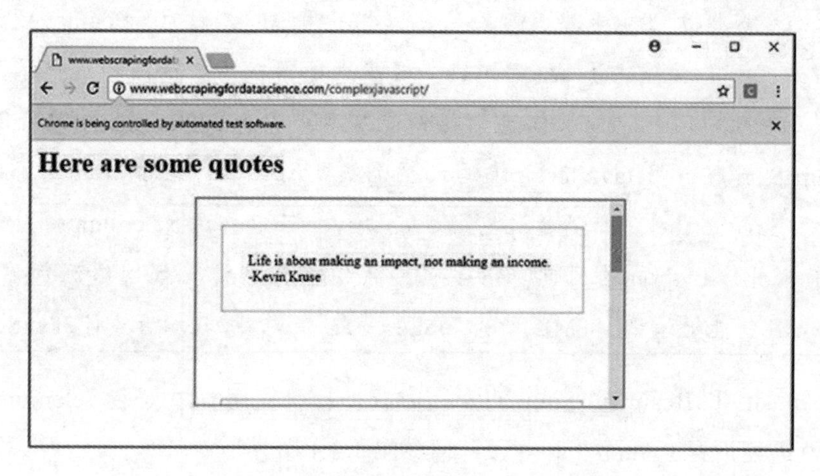

图 5-1 由 Selenium 控制的 Chrome 窗口

加载页面后，你希望能够获取 HTML 元素，就像之前使用 Beautiful Soup 一样。Selenium 的方法列表看起来略有不同，但根据你目前为止所学到的内容理解起来应该不太难：

- find_element_by_id
- find_element_by_name
- find_element_by_xpath
- find_element_by_link_text
- find_element_by_partial_link_text
- find_element_by_tag_name
- find_element_by_class_name
- find_element_by_css_selector

请注意，所有这些都带有 find_elements_by_* 变体（注意“s”），它与 Beautiful

Soup 中的 find_all 方法一样，返回元素列表（在 Selenium 中表示为 WebElement 对象）而不是第一个匹配的元素。另外需要注意的是，如果找不到元素，上面的方法将引发 NoSuchElementException 异常，而这种情况下 Beautiful Soup 只返回 None。大多数方法与前述相似，只是有些方法需要进一步进行解释。

find_element_by_link_text 方法通过匹配其内部文本来选择元素。find_element_by_partial_link_text 方法执行相同操作，但部分匹配内部文本。在很多情况下这些工具都很有用，例如，根据其文本值查找链接。

find_element_by_name 方法根据 HTML 的“name”属性选择元素，而 find_element_by_tag_name 使用实际的标签名称。

find_element_by_css_selector 方法类似于 Beautiful Soup 的 select 方法，但附带了更强大的 CSS 选择器规则解析器。

find_element_by_xpath 方法做了类似的事情。XPath 是一种用于在 XML 文档中定位节点的语言。由于 HTML 可以被视为 XML 的实现（在这种情况下也称为 XHTML），Selenium 可以使用 XPath 语言来选择元素。XPath 超越了通过 id 或 name 属性定位的简单方法。下面简要概述常用的 XPath 表达式：

- nodename 选择名为“nodename”的所有节点；
- / 从根节点中选择；
- // 可用于跳过多级节点并搜索所有后代以执行选择；
- . 选择当前节点；
- .. 选择当前节点的父节点；
- @ 选择属性。

这些表达式链接在一起形成强大的规则。一些 XPath 规则示例如下。

- /html/body/form[1]：获取“<html>”标签中“<body>”标签内的第一个表单元素。
- //form[1]：获取文档中的第一个表单元素。
- //form[@id='my_form']：获取表单元素，其“id”属性设置为“my_form”。

模式检查 如果你想在爬取中使用 CSS 选择器或 XPath 表达式，请记住可以在 Chrome Developer Tools 中的 Elements 选项卡右键单击 HTML 元素，然后选择“Copy, Copy selector”和“Copy Xpath”，其中相应地概述了选择器或表达式可能的样子。

现在，可以修改脚本来展示这些方法，例如，获取引用的内容：

```
from selenium import webdriver

url = 'http://www.webscrapingfordatascience.com/complexjavascript/'

# chromedriver should be in the same path as your Python script
driver = webdriver.Chrome()
driver.get(url)

for quote in driver.find_elements_by_class_name('quote'):
    print(quote.text)

input('Press ENTER to close the automated browser')
driver.quit()
```

让我们回过头来看看发生了什么：导航到上述页面后，使用 find_elements_by_class_name 方法来检索引用元素。对于每个这样的引用元素（一个 WebElement 对象），我们使用它的 text 属性来打印出其文本。就像 Beautiful Soup 的 find 和 find_all 一样，如果想深入挖掘，可以在检索到的元素上调用 find_element_* 和 find_elements_* 方法。

遗憾的是，运行此代码似乎并不起作用，根本没有显示引用。这是因为执行 JavaScript 程序即使只需要半秒钟，浏览器也需要一些时间获取引用并显示它们。与此同时，Python 脚本已经在努力尝试查找引用元素，这些元素目前还没有，我们可能需在代码中打一个 sleep 行等待几秒钟，但是 Selenium 提供了更健壮的方法：等待条件。

Selenium 提供两种类型的等待：隐式等待和显式等待。每次尝试定位元素时，隐式等待都会使 WebDriver 轮询页面一段时间。将隐式等待视为“预设条件”，每次尝试定位元素时我们都会等待指定的时间。默认情况下，隐式等待时间设置为零，这意味着 Selenium 根本不会等待。然而，改变它很容易。可以查看以下有效的代码：

```
from selenium import webdriver

url = 'http://www.webscrapingfordatascience.com/complexjavascript/'

driver = webdriver.Chrome()

# Set an implicit wait
driver.implicitly_wait(10)

driver.get(url)

for quote in driver.find_elements_by_class_name('quote'):
    print(quote.text)
```

```
input('Press ENTER to close the automated browser')
driver.quit()
```

刚刚开始使用 Selenium 时，隐式等待会很有帮助，但显式等待会提供更细粒度的控制。显式等待使 WebDriver 等待某个给定的条件并返回非 False 值，然后再继续执行。这种情况将一遍又一遍地重复，直到它返回一些内容，或者直到超出给定时间。要使用显式等待，我们依赖以下导入：

```
from selenium.webdriver.common.by import By
from selenium.webdriver.support.ui import WebDriverWait
from selenium.webdriver.support import expected_conditions as EC
```

上面的 EC 对象带有大量的内置条件，因此我们不需要自己编写代码。Selenium 提供了以下现成的条件。

- alert_is_present：检查是否存在警报。
- element_located_selection_state_to_be(locator, is_selected)：检查元素是否与 locator 匹配（请参阅下面的说明），其选择状态与 is_selected（True 或 False）匹配。
- element_located_to_be_selected(locator)：检查元素（WebElement 对象）是否与 locator 匹配（请参阅下面的说明）并被选中。
- element_selection_state_to_be(element, is_selected)：检查 element（WebElement 对象）的选择状态是否与 is_selected（True 或 False）匹配。
- element_to_be_selected(element)：检查是否选择了 element（WebElement 对象）。
- element_to_be_clickable(locator)：检查元素是否与 locator 匹配（请参阅下面的说明）并可以单击（即启用）。
- frame_to_be_available_and_switch_to_it(locator)：检查是否找到了与 locator 匹配的帧（请参阅下面的说明）并且可以切换到，一旦找到，条件就会切换到此帧。
- invisibility_of_element_located(locator)：检查与 locator 匹配的元素（请参阅下面的说明）是否在页面上不可见或不存在（可见意味着该元素不仅被显示，而且其高度和宽度都大于 0）。
- new_window_is_opened(current_handles)：检查是否已打开新窗口。

- `number_of_windows_to_be(num_windows)`：检查是否已打开特定数量的窗口。
- `presence_of_all_elements_located(locator)`：检查页面上是否存在至少一个与 `locator` 匹配的元素（请参阅下面的说明）。如果找到，则返回匹配元素的列表。
- `presence_of_element_located(locator)`：检查页面上是否存在与 `locator` 匹配的至少一个元素（请参阅下面的说明）。如果找到，则返回第一个匹配元素。
- `staleness_of(element)`：检查是否已从页面中删除 `element`（WebElement 对象）。
- `text_to_be_present_in_element(locator, text_)`：检查给定字符串是否存在于与 `locator` 匹配的元素中（请参阅下面的说明）。
- `text_to_be_present_in_element_value(locator, text_)`：检查给定字符串是否存在于与 `locator` 匹配的元素的 value 属性中（请参阅下面的说明）。
- `title_contains(title)`：检查页面标题是否包含给定字符串。
- `title_is(title)`：检查页面标题是否等于给定字符串。
- `url_changes(url)`：检查 URL 是否与给定的 URL 不同。
- `url_contains(url)`：检查 URL 是否包含给定的 URL。
- `url_matches(pattern)`：检查 URL 是否与给定的正则表达式模式匹配。
- `url_to_be(url)`：检查 URL 是否与给定 URL 匹配。
- `visibility_of(element)`：检查当前 `element`（`WebElement` 对象）是否可见（可见性意味着不仅显示元素，该元素还具有大于 0 的高度和宽度）。
- `visibility_of_all_elements_located(locator)`：检查是否所有与 `locator` 匹配的元素（请参阅下面的说明）也可见。如果是，则返回匹配元素的列表。
- `visibility_of_any_elements_located(locator)`：检查是否有任何与 `locator` 匹配的元素（请参阅下面的说明）可见。如果是这种情况，则返回第一个可见元素。
- `visibility_of_element_located(locator)`：检查与 `locator` 匹配的第一个元素（请参阅下面的说明）是否也可见。如果是这种情况，则返回该元素。

让我们通过修改示例来了解显式等待是如何工作的：

```
from selenium import webdriver
from selenium.webdriver.common.by import By
from selenium.webdriver.support.ui import WebDriverWait
from selenium.webdriver.support import expected_conditions as EC

url = 'http://www.webscrapingfordatascience.com/complexjavascript/'

driver = webdriver.Chrome()

driver.get(url)

quote_elements = WebDriverWait(driver, 10).until(
    EC.presence_of_all_elements_located(
        (By.CSS_SELECTOR, ".quote:not(.decode)")
    )
)

for quote in quote_elements:
    print(quote.text)

input('Press ENTER to close the automated browser')
driver.quit()
```

此示例的工作原理如下：首先，使用 `WebDriver` 创建一个 `WebDriverWait` 对象，并且需要给定等待的秒数。然后在这个对象上调用 `until` 方法，我们需要向该方法提供一个条件对象，即在本例中预定义的 `presence_of_all_elements_located`。请注意，此条件需要一个 `locator` 参数，它只是一个包含两个元素的元组。第一个元素根据应选择元素的方法确定（可能的选项有：`By.ID`、`By.XPATH`、`By.NAME`、`By.TAG_NAME`、`By.CLASS_NAME`、`By.CSS_SELECTOR`、`By.LINK_TEXT` 和 `By.PARTIAL_LINK_TEXT`）。第二个元素提供实际值。在这里，定位符声明我们想要通过给定的 CSS 选择器规则查找元素，指定所有带有“quote”的 CSS 类但没有“decode”的 CSS 类的元素，因为我们希望等待页面上的 JavaScript 代码完成对 quote 的解码。

反复检查此条件，直到 10 秒过去，或者直到条件返回非 False 的内容，即在 `presence_of_all_elements_located` 的情况下匹配元素的列表。然后我们可以直接遍历此列表并检索引用的内容。

请注意，定位符元组也可以在条件之外使用。也就是说，可以使用通用的 `find_element` 和 `find_elements` 方法，而不是使用上面讨论的细粒度的 `find_element_by_*` 和 `find_elements_by_*` 方法，并提供 `By` 参数和实际值，例如

“ driver.find_elements(By.XPATH,'// a')”。这在普通代码中的可读性稍差，但是在你想要定义自己的自定义条件时非常有用，正如下面的示例所示：

```
class at_least_n_elements_found(object):
    def __init__(self, locator, n):
        self.locator = locator
        self.n = n

    def __call__(self, driver):
        # Do something here and return False or something else
        # Depending on whether the condition holds
        elements = driver.find_elements(*self.locator)
        if len(elements) >= self.n:
            return elements
        else:
            return False

wait = WebDriverWait(driver, 10)
element = wait.until(
        at_least_n_elements_found((By.CLASS_NAME, 'my_class'), 3)
)
```

在该示例中，定义了与 `presence_of_all_ elements_located` 类似的新条件，以找出匹配元素。

还有一件事我们需要解决。到目前为止，我们的示例仅返回前三个引用。仍然需要找到一种方法，使用 Selenium 向下滚动引用列表，以便加载所有这些引用。为此，Selenium 提供了一系列可由浏览器执行的“操作”，例如单击元素、单击和拖动、双击、右键单击等，我们可以使用它们来向下移动滚动条。既然我们正与浏览器进行交互，就可以指示它执行 JavaScript 命令。而 JavaScript 也可以进行滚动，因此我们可以使用 `execute_script` 方法将 JavaScript 命令发送给浏览器。

以下代码片段使用我们自定义的等待条件显示此操作：

```
from selenium import webdriver
from selenium.webdriver.common.by import By
from selenium.webdriver.support.ui import WebDriverWait
from selenium.webdriver.support import expected_conditions as EC
from selenium.common.exceptions import TimeoutException

class at_least_n_elements_found(object):
    def __init__(self, locator, n):
        self.locator = locator
        self.n = n

    def __call__(self, driver):
```

```
        elements = driver.find_elements(*self.locator)
        if len(elements) >= self.n:
            return elements
        else:
            return False

url = 'http://www.webscrapingfordatascience.com/complexjavascript/'

driver = webdriver.Chrome()
driver.get(url)

# Use an implicit wait for cases where we don't use an explicit one
driver.implicitly_wait(10)

div_element = driver.find_element_by_class_name('infinite-scroll')
quotes_locator = (By.CSS_SELECTOR, ".quote:not(.decode)")

nr_quotes = 0
while True:
    # Scroll down to the bottom
    driver.execute_script(
        'arguments[0].scrollTop = arguments[0].scrollHeight',
        div_element)
    # Try to fetch at least nr_quotes+1 quotes
    try:
        all_quotes = WebDriverWait(driver, 3).until(
            at_least_n_elements_found(quotes_locator, nr_quotes + 1)
        )
    except TimeoutException as ex:
        # No new quotes found within 3 seconds, assume this is all there is
        print("... done!")
        break
    # Otherwise, update the quote counter
    nr_quotes = len(all_quotes)
    print("... now seeing", nr_quotes, "quotes")

# all_quotes will contain all the quote elements
print(len(all_quotes), 'quotes found\n')
for quote in all_quotes:
    print(quote.text)

input('Press ENTER to close the automated browser')
driver.quit()
```

执行此代码并跟踪浏览器中发生的变化以及在 Python 控制台中获得的输出，该输出应显示以下内容：

```
... now seeing 3 quotes
... now seeing 6 quotes
```

```
... now seeing 9 quotes
... now seeing 12 quotes
... now seeing 15 quotes
... now seeing 18 quotes
... now seeing 21 quotes
... now seeing 24 quotes
... now seeing 27 quotes
... now seeing 30 quotes
... now seeing 33 quotes
... done!
33 quotes found
Life is about making an impact, not making an income. -Kevin Kruse
Whatever the mind of man can conceive and believe, it can achieve. ↩
-Napoleon Hill
Strive not to be a success, but rather to be of value. -Albert Einstein
Two roads diverged in a wood, and —II took the one less traveled by, And ↩
that has made all the difference. -Robert Frost
[...]
```

如果想在不使用 JavaScript 命令和操作的情况下查看以上代码如何工作，可以使用以下代码段（请注意两个新的导入）。下一节我们将详细讨论通过操作与网页进行交互。

```
from selenium import webdriver
from selenium.webdriver.common.by import By
from selenium.webdriver.support.ui import WebDriverWait
from selenium.webdriver.support import expected_conditions as EC
from selenium.common.exceptions import TimeoutException
from selenium.webdriver.common.action_chains import ActionChains
from selenium.webdriver.common.keys import Keys

class at_least_n_elements_found(object):
    def __init__(self, locator, n):
        self.locator = locator
        self.n = n

    def __call__(self, driver):
        elements = driver.find_elements(*self.locator)
        if len(elements) >= self.n:
            return elements
        else:
            return False

url = 'http://www.webscrapingfordatascience.com/complexjavascript/'

driver = webdriver.Chrome()
driver.get(url)

# Use an implicit wait for cases where we don't use an explicit one
driver.implicitly_wait(10)
```

```
div_element = driver.find_element_by_class_name('infinite-scroll')
quotes_locator = (By.CSS_SELECTOR, ".quote:not(.decode)")

nr_quotes = 0
while True:
    # Scroll down to the bottom, now using action (chains)
    action_chain = ActionChains(driver)
    # Move to our quotes block
    action_chain.move_to_element(div_element)
    # Click it to give it focus
    action_chain.click()
    # Press the page down key about 10 ten times
    action_chain.send_keys([Keys.PAGE_DOWN for i in range(10)])
    # Do these actions
    action_chain.perform()

    # Try to fetch at least nr_quotes+1 quotes
    try:
        all_quotes = WebDriverWait(driver, 3).until(
            at_least_n_elements_found(quotes_locator, nr_quotes + 1)
        )
    except TimeoutException as ex:
        # No new quotes found within 3 seconds, assume this is all there is
        print("... done!")
        break
    # Otherwise, update the quote counter
    nr_quotes = len(all_quotes)
    print("... now seeing", nr_quotes, "quotes")

# all_quotes will contain all the quote elements
print(len(all_quotes), 'quotes found\n')
for quote in all_quotes:
    print(quote.text)

input('Press ENTER to close the automated browser')
driver.quit()
```

5.4 Selenium 的更多信息

现在我们已经知道如何在 Selenium 中查找元素、处理条件和等待，并能将 JavaScript 命令发送到浏览器，是时候深入研究 Selenium 库了。为此，将在网页 http://www.webscrapingfordatascience.com/postform2/ 上切换回之前的一个示例，其中的表单提供了一个探索 Selenium 功能的平台。

首先谈谈有关导航的更多信息。我们已经看到了使用 Selenium 导航到 URL

的 get 方法。同样，你也可以在浏览器的历史记录中调用驱动程序的 forward 和 back 方法（这些方法不带参数）实现前进和后退。关于 Cookie，由于 Selenium 使用真正的浏览器，因此我们不需要担心 Cookie 本身。如果要输出当前可用的 Cookie，可以在 WebDriver 对象上调用 get_cookies 方法。add_cookie 方法允许你设置一个新的 Cookie（它需要一个带有“name”和“value”键的字典作为其参数）。

现在利用 Web 表单，开始新建一个全新的 Selenium 程序。在这里使用隐式等待以保持程序的简单化：

```
from selenium import webdriver

url = 'http://www.webscrapingfordatascience.com/postform2/'

driver = webdriver.Chrome()
driver.implicitly_wait(10)

driver.get(url)

input('Press ENTER to close the automated browser')
driver.quit()
```

每次使用 find_element_by_* 和 find_elements_by_* 方法（或通用的 find_element 和 find_elements 方法）检索元素时，Selenium 都将返回 WebElement 对象。你可以访问这些对象的许多有用的方法和属性：

- 首先，需要记住的是可以在 WebElement 对象上再次使用 find_element_by_* 和 find_ elements_by_* 方法（或通用的 find_element 和 find_elements 方法）来开始从当前元素开始新的元素搜索，就像在 Beautiful Soup 中进行的操作一样，这有助于检索页面中的嵌套元素。
- 使用 click 方法单击元素。
- 如果是文本输入元素，则 clear 方法将清除该元素的文本。
- get_attribute 方法获取 HTML 属性或元素的属性，或者为 None。例如，element.get_ attribute ('href')。
- get_property 方法获取元素的属性。
- is_displayed、is_enabled 和 is_selected 方法返回一个布尔值，指示元素是否分别对用户可见、启用或选择。后者用于查看复选框或单选按钮是否被选中。
- send_keys 方法模拟键入元素。它需要字符串、列表或作为列表传递的一系列击键。

- submit 方法提交表单。
- value_of_css_property 方法返回给定属性名的元素的 CSS 属性值。
- screenshot 方法将当前元素的屏幕截图以 PNG 格式保存到给定的文件名。
- location 属性提供元素的位置。
- size 返回元素的大小。
- rect 返回包含大小和位置的字典。
- parent 属性引用创建这个元素的 WebDriver 实例。
- tag_name 包含元素的标签名称。
- text 属性返回元素的文本，我们之前已经使用过。
- WebElement 对象的 page_source 属性将返回整页的实时 HTML 源代码。

> 获取 HTML　WebElement 对象的 page_source 属性将返回整页的实时 HTML 源代码。但是，如果你只想获取元素的 HTML 源代码，则可以使用 element.get_attribute（'innerHTML'）访问 “innerHTMl” 属性，“outerHTMl” 属性执行相同操作，但也包含元素自身的标签。如果你仍希望使用 Beautiful Soup 来解析页面的某些组件，这些属性会非常有用。

要使用下拉菜单（“<select>” 标签），Selenium 允许你根据给定的 WebElement 对象构造一个 Select 对象（位于 “selenium.webdriver.support.select” 下）。创建此对象后，可以调用以下方法或访问以下属性。

- select_by_index(index)：选择给定索引处的选项。
- select_by_value(value)：选择具有与参数匹配的值的所有选项。
- select_by_visible_text(text)：选择显示与参数匹配的文本的所有选项。
- 上述方法都带有 deselect_* 变体以及取消选择选项。deselect_all 方法清除所有选定的条目（请注意，select 标签可以支持多个选择）。
- all_selected_options：返回属于此 select 标签的所有选定选项的列表。
- first_selected_option：选择标签中的第一个选定选项（或普通选择中当前选定的选项，仅允许单个选择）。
- options：返回属于此 select 标签的所有选项的列表。

使用目前为止看到的内容开始填写我们的表单：

```
from selenium import webdriver
from selenium.webdriver.support.select import Select
from selenium.webdriver.common.keys import Keys
```

```
url = 'http://www.webscrapingfordatascience.com/postform2/'

driver = webdriver.Chrome()
driver.implicitly_wait(10)

driver.get(url)

driver.find_element_by_name('name').send_keys('Seppe')
driver.find_element_by_css_selector('input[name="gender"][value="M"]').
click()
driver.find_element_by_name('pizza').click()
driver.find_element_by_name('salad').click()
Select(driver.find_element_by_name('haircolor')).select_by_value('brown')
driver.find_element_by_name('comments').send_keys(
    ['First line', Keys.ENTER, 'Second line'])

input('Press ENTER to submit the form')

driver.find_element_by_tag_name('form').submit()
# Or: driver.find_element_by_css_selector('input[type="submit"]').click()

input('Press ENTER to close the automated browser')
driver.quit()
```

运行上述例子并浏览代码。请注意使用特殊的 `Keys` 辅助对象，可发送诸如 ENTER、PAGE DOWN 等键。

Selenium 还提供了一个 `ActionChains` 对象（可在“selenium.webdriver.common.action_chains”下找到）来构建更细粒度的操作链，而不是像上面那样直接使用操作。这对于执行更复杂的操作非常有用，例如悬停和拖放。它们是通过提供一个驱动对象来构建，并有以下方法。

- `click(on_element = None)`：单击元素。如果给定 None，则使用当前鼠标位置。
- `click_and_hold(on_element = None)`：在元素上或当前鼠标位置按住鼠标左键。
- `release(on_element = None)`：释放元素上或当前鼠标位置的鼠标按钮。
- `context_click(on_element = None)`：对元素或当前鼠标位置执行上下文单击（右键单击）。
- `double_click(on_element = None)`：双击元素或当前鼠标位置。
- `move_by_offset(xoffset, yoffset)`：将鼠标从当前鼠标位置移动一个偏移量。
- `move_to_element(to_element)`：将鼠标移动到元素的中间位置。

- move_to_element_with_offset(to_element，xoffset，yoffset)：将鼠标根据指定元素移动一个偏移量，该量是相对于元素左上角的偏移量。
- drag_and_drop(source，target)：按住源元素上的鼠标左键，然后移动一个目标元素并释放鼠标按钮。
- drag_and_drop_by_offset(source，xoffset，yoffs)：按住源元素上的鼠标左键，然后移动一个目标偏移量并释放鼠标按钮。
- key_down(value,element = None)：仅发送一个按键响应，而不释放它。只能与修饰键一起使用（即 Ctrl、Alt 和 Shift）。
- key_up(value，element = None)：释放修饰键。
- send_keys(* keys_to_send)：将键发送到当前聚焦的元素。
- send_keys_to_element(element，* keys_to_send)：将键发送到元素。
- pause(seconds)：给定等待的秒数。
- perform()：执行在操作链上定义的所有存储操作。这通常是你给操作链的最后一个命令。
- reset_actions()：清除已存储在远程端的操作。

以下示例在功能上与上面的示例等效，但它使用操作链来填充大多数表单字段：

```
from selenium import webdriver
from selenium.webdriver.support.select import Select
from selenium.webdriver.common.keys import Keys
from selenium.webdriver.common.action_chains import ActionChains

url = 'http://www.webscrapingfordatascience.com/postform2/'

driver = webdriver.Chrome()
driver.implicitly_wait(10)

driver.get(url)

chain = ActionChains(driver)
chain.send_keys_to_element(driver.find_element_by_name('name'), 'Seppe')
chain.click(driver.find_element_by_css_selector('input[name="gender"]
[value="M"]'))
chain.click(driver.find_element_by_name('pizza'))
chain.click(driver.find_element_by_name('salad'))
chain.click(driver.find_element_by_name('comments'))
chain.send_keys(['This is a first line', Keys.ENTER, 'And this a second'])
chain.perform()

Select(driver.find_element_by_name('haircolor')).select_by_value('brown')

input('Press ENTER to submit the form')
```

```
driver.find_element_by_tag_name('form').submit()
# Or: driver.find_element_by_css_selector('input[type="submit"]').click()

input('Press ENTER to close the automated browser')
driver.quit()
```

现在已经讨论了 Selenium 库中最重要的部分，读者还可以在 http://selenium-python.read thedocs.io/ 上多花一些时间阅读该库的文档。请注意，可能需要一些时间来适应如何使用 Selenium。由于使用的是完整的浏览器堆栈，你会感到 Selenium 的操作与 UI 操作相对应，就好像是由一个人工用户执行这些操作（例如单击、拖动、选择），而不是像我们以前那样直接使用 HTTP 和 HTML。在第 9 章还会包括一些与 Selenium 有关的大型、实际的项目。

需要谨记的是，对于大多数项目而言，requests 和 Beautiful Soup 已经可以很好地编写网络爬取程序。只有在处理复杂或高度交互的页面时，才需要切换到 Selenium。也就是说，你仍然可以使用带有 Selenium 的 Beautiful Soup，以防需要解析使用 Selenium 检索的特定元素来获取信息。

06 CHAPTER

第6章

从网络爬取到网络爬虫

到目前为止，本书中的示例都非常简单，因为大多数情况下我们只爬取了单个页面信息。但是，在编写网络爬取程序时，很多情况下需要爬取多个页面甚至多个网站的信息。在这种情况下，经常使用“网络爬虫”这个名称，因为它将在某个网站甚至整个网络上进行“爬取”。本章将说明如何从编写网络爬取到编写更精细的网络爬虫程序，并强调编写爬虫程序时需要记住的重点，最后还将学习如何将结果存储在数据库中供后续访问和分析。

6.1 什么是网络爬虫

“网页爬取”和“网络爬虫”之间的区别相对模糊，因此许多作者和程序员交替使用这两个术语。一般而言，术语“爬虫”表示程序能够自行导航网页，即使没有明确的最终目标或目的，也可以不断地探索网站或网络提供的内容。Google 等搜索引擎大量使用网络爬虫工具来检索网址内容、检查该网页以查找其他链接、检索这些链接的网址等。

在编写网络爬虫程序时，会有一些微妙的设计选择，它们将改变项目的范围和性质：

- 在许多情况下，爬虫被限制在一组定义明确的页面集中，例如，在线商店的产品页面。这些情况相对容易处理，因为你处于相同的域中，并对每个产品页面的外观或想要提取的数据类型有一个预期。
- 在其他情况下，你将限制自己只访问一个网站（单个域名），但在信息提取方面没有明确的目标。相反，你只想创建该站点的副本。在这种情况下，手动编写爬取是一种不可取的方法。有许多工具（适用于 Windows、Mac 和 Linux）可帮助你制作网站的脱机副本，包括许多可配置选项。要找到这些，请查找“网站镜像工具”。

- 最后，在更极端的情况下，你会希望你的爬取保持得更开放一些。例如，你可能希望从一系列关键字开始，使用 Google 搜索并爬取每个关键字查询出的前 10 个结果，并爬取这些网页的内容，例如图片、表格、文章等。显然，这是要处理的最高级用例。

编写健壮的爬虫程序需要你进行各种检查并仔细考虑代码的设计。由于爬虫最终可以在网络的任何部分运行并且经常运行很长时间，因此你需要仔细考虑停止条件、是否可以跟踪之前访问过的页面（以及是否已经需要再次访问它们）、如何存储结果以及如何确保崩溃的脚本可以重新启动而不会丢失当前的进度。以下概述提供了一些一般性最佳实践和思考的方法。

- **仔细考虑你实际想要收集哪些数据**：是否可以通过爬取一组预定义的网站来提取所需的内容，或者是否真的需要发现你还不知道的网站？在编写和维护方面，第一个选项将始终提供更简单的代码。
- **使用数据库**：最好使用数据库来跟踪访问、访问过的链接和收集的数据，确保为所有内容添加时间戳，以及了解何时创建和上次更新时间。
- **将爬虫与爬取分开**：大多数强大的爬虫工具将“爬虫”部分（访问网站、提取链接，并将它们放入队列，即收集要爬取的页面）与实际的“爬取”部分（从页面中提取信息）分离开来。在同一个程序或循环中进行操作都非常容易出错。在某些情况下，让爬虫存储页面 HTML 内容的完整副本可能是个好主意，这样一旦你想要爬取出信息，不需要重新访问它。
- **提前停止**：在爬取网页时，最好立即加入停止标准。也就是说，如果你已经在看到时确定链接没有意义，请不要将其放入“爬虫”队列中。从页面中爬取信息时也是如此。如果可以快速确定对该内容不感兴趣，那么就不要再继续读那个页面信息了。
- **重试或中止**：请注意，网络是一个动态的地方，链接可能无法正常工作或页面无法使用。仔细考虑你想要重试特定链接的次数。
- **爬取队列**：也就是说，处理链接队列的方式也很重要。如果只是应用一个简单的 FIFO（先进先出）或 LIFO（后进先出）方法，那么你可能会很快重新尝试一个失败的链接，这可能不是你想要做的。因此，建立程序的执行顺序也很重要。

- **并行编程**：为了使程序高效，需要在编程时同时启动多个并行工作的实例，因而也需要数据库支持的数据存储方式。始终假设你的程序可能在任何时候崩溃，而一个新的实例应该能够立即处理程序崩溃后的任务。
- **谨记爬取的合法性**：第 7 章将深入研究相关法律问题。有些网站不欢迎来访问的信息搜集者，同时还要确保不会因为 HTTP 请求风暴而“锤击”某个站点。虽然许多站点相对健壮，但是如果你向同一站点发送数百个 HTTP 请求，有些站点可能会停止运行并且无法为普通访问者提供服务。

在接下来的网络爬虫内容介绍中，我们难以创建一个 Google 的有力竞争者，但我们将在 6.2 节使用两个示例提供有关爬虫的一些提示。

6.2　使用 Python 实现网络爬虫

作为爬虫使用的第一个例子，我们将使用 http://www.webscrapingfordatascience.com/crawler/ 页面中的信息。此页面试图模拟一个简单的数字电台，它会随机生成一个数字列表并引导你到另一个页面的链接。

数字电台　这个例子的灵感来自 2005 年的一个有趣实验，读者可以在 http://www.drunkmenworkhere.org/218 上看到。我的想法是调查像 Google 和 Yahoo 这样的网络爬虫在被引导进入迷宫般的页面时，如何导航到一个特定的页面。实验结果可在 http://www.drunkmenworkhere.org/219 页面上查看，但请注意，这个实验已经进行很久了，而搜索引擎在过去十年中发生了很大的变化。

现在花一些时间在网页上，看看它是如何工作的。

不容易猜　你会注意到这里的页面使用了一个难以猜测的“*r*”作为 URL 参数。如果不是这种情况，也就是说，如果 URL 参数的所有值都落在明确定义的范围之间或看起来像连续的数字，那么编写一个爬取将会更容易，因为你希望获得的 URL 列表能够得到明确的定义。在浏览页面时需要记住这一点，看看它是否可行，并找出必须采取的方法。

开始爬取这个网站的第一次尝试如下：

```
import requests
from bs4 import BeautifulSoup
from urllib.parse import urljoin

base_url = 'http://www.webscrapingfordatascience.com/crawler/'
links_seen = set()

def visit(url, links_seen):
    html = requests.get(url).text
    html_soup = BeautifulSoup(html, 'html.parser')
    links_seen.add(url)
    for link in html_soup.find_all("a"):
        link_url = link.get('href')
        if link_url is None:
            continue
        full_url = urljoin(url, link_url)
        if full_url in links_seen:
            continue
        print('Found a new page:', full_url)
        # Normally, we'd store the results here too
        visit(full_url, links_seen)

visit(base_url, links_seen)
```

请注意，我们在这里使用 `urljoin` 函数。这样做的原因是页面上的“href”链接属性引用了相对 URL，例如“?r=f01e7f 02e91239a2003bdd35770e1173”，我们需要将其转换为绝对地址。我们可通过预先添加基本的 URL（即 `base_url+link_url`）来做到这一点，但是一旦开始关注网站 URL 树中更深层次的链接和页面，该方法将无法工作。使用 `urljoin` 是获取现有绝对 URL、连接相对 URL 以及获得格式良好的新绝对 URL 的正确方法。

什么是绝对 href？　`urljoin` 方法甚至可以使用绝对“href”链接值。使用：

```
urljoin('http://example.org', 'https://www.other.com/dir/')
```

将返回“https://www.other.com/dir/”，因此在进行爬虫时这始终是一个很好的函数。

如果运行此脚本，你将看到它将开始访问不同的 URL。但是，若让它运行一段时间，这个脚本肯定会崩溃，但这不是因为网络问题，而是因为使用了递归，`risit` 函数一遍又一遍地调用自己，没有机会返回到调用树中，因为每个页面都包含指向其他页面的链接。

```
Traceback (most recent call last):
  File "C:\Users\Seppe\Desktop\firstexample.py", line 23, in <module>
    visit(url, links_seen)
[...]
    return wr in self.data
RecursionError: maximum recursion depth exceeded in comparison
```

因此，依赖递归进行网络爬取通常不是一个可靠的想法。我们可以在不使用递归的情况下重写代码，如下所示：

```
import requests
from bs4 import BeautifulSoup
from urllib.parse import urljoin

links_todo = ['http://www.webscrapingfordatascience.com/crawler/']
links_seen = set()
def visit(url, links_seen):
    html = requests.get(url).text
    html_soup = BeautifulSoup(html, 'html.parser')
    new_links = []
    for link in html_soup.find_all("a"):
        link_url = link.get('href')
        if link_url is None:
            continue
        full_url = urljoin(url, link_url)
        if full_url in links_seen:
            continue
        # Normally, we'd store the results here too
        new_links.append(full_url)
    return new_links

while links_todo:
    url_to_visit = links_todo.pop()
    links_seen.add(url_to_visit)
    print('Now visiting:', url_to_visit)
    new_links = visit(url_to_visit, links_seen)
    print(len(new_links), 'new link(s) found')
    links_todo += new_links
```

你可以让这段代码运行一段时间。虽然这种解决方案更好，但仍有几个缺点。如果我们的程序崩溃（例如，当你的 Internet 连接断开或网站关闭时），你将不得不重新从头开始启动。此外，我们不知道 links_seen 集可能会变得多大。通常，计算机将有足够的内存轻松存储数千个 URL，虽然我们可能希望借助数据库来存储中间进度信息以及结果。

6.3 数据库存储

为使我们的示例更加健壮，调整代码将过程和结果信息存储在数据库中。我们将使用“records”库来管理SQLite数据库（基于强大数据库系统的文件），并在其中存储我们的链接队列和从爬取的页面中检索到的数字，“records”库仍然使用pip进行安装：

```
pip install -U records
```

修改后的代码如下：

```
import requests
import records
from bs4 import BeautifulSoup
from urllib.parse import urljoin
from sqlalchemy.exc import IntegrityError

db = records.Database('sqlite:///crawler_database.db')

db.query('''CREATE TABLE IF NOT EXISTS links (
            url text PRIMARY KEY,
            created_at datetime,
            visited_at datetime NULL)''')
db.query('''CREATE TABLE IF NOT EXISTS numbers (url text, number integer,
            PRIMARY KEY (url, number))''')

def store_link(url):
    try:
        db.query('''INSERT INTO links (url, created_at)
                    VALUES (:url, CURRENT_TIMESTAMP)''', url=url)
    except IntegrityError as ie:
        # This link already exists, do nothing
        pass

def store_number(url, number):
    try:
        db.query('''INSERT INTO numbers (url, number)
                    VALUES (:url, :number)''', url=url, number=number)
    except IntegrityError as ie:
        # This number already exists, do nothing
        pass

def mark_visited(url):
    db.query('''UPDATE links SET visited_at=CURRENT_TIMESTAMP
                WHERE url=:url''', url=url)
```

```
def get_random_unvisited_link():
    link = db.query('''SELECT * FROM links
                       WHERE visited_at IS NULL
                       ORDER BY RANDOM() LIMIT 1''').first()
    return None if link is None else link.url

def visit(url):
    html = requests.get(url).text
    html_soup = BeautifulSoup(html, 'html.parser')
    new_links = []
    for td in html_soup.find_all("td"):
        store_number(url, int(td.text.strip()))
    for link in html_soup.find_all("a"):
        link_url = link.get('href')
        if link_url is None:
            continue
        full_url = urljoin(url, link_url)
        new_links.append(full_url)
    return new_links
store_link('http://www.webscrapingfordatascience.com/crawler/')
url_to_visit = get_random_unvisited_link()
while url_to_visit is not None:
    print('Now visiting:', url_to_visit)
    new_links = visit(url_to_visit)
    print(len(new_links), 'new link(s) found')
    for link in new_links:
        store_link(link)
    mark_visited(url_to_visit)
    url_to_visit = get_random_unvisited_link()
```

从 SQL 到 ORM　在这里手动编写 SQL（结构化查询语言）语句来与数据库进行交互，这对于较小的项目来说很好。但是，对于更复杂的项目，有必要研究 Python 中可用的一些 ORM（对象关系映射）库，例如 SQLAlchemy 或 Pee-wee，它们允许在关系型数据库和 Python 对象之间实现更顺畅和更可控的“映射”，以便可以直接使用数据库而无须处理编写的 SQL 语句。在示例章节中，我们将使用另一个名为“dataset”的库，它提供了一种无须编写 SQL 语句即可快速将信息转储到数据库的便捷方法。另外请注意，如果在 Python 中你使用了 SQLite 数据库的话，就不必再使用“records”库。也可以使用 Python 内置的“sqlite3”模块（在 records 库中），详见 https://docs.python.org/3/library/sqlite3.html。我们在这里使用 records 的原因是它只包含较少的现成代码。

尝试运行此脚本一段时间然后再停止使用（通过关闭 Python 窗口或按 Ctrl+C）。你可以使用 SQLite 客户端（例如“DB Browser for SQLite”）查看数据库（“crawler_database.db”），该客户端可以从 http://sqlitebrowser.org/ 中获得。图 6-1 显示了该工具的运行情况。请记住，也可以使用 records 库来获取 Python 脚本中存储的结果。

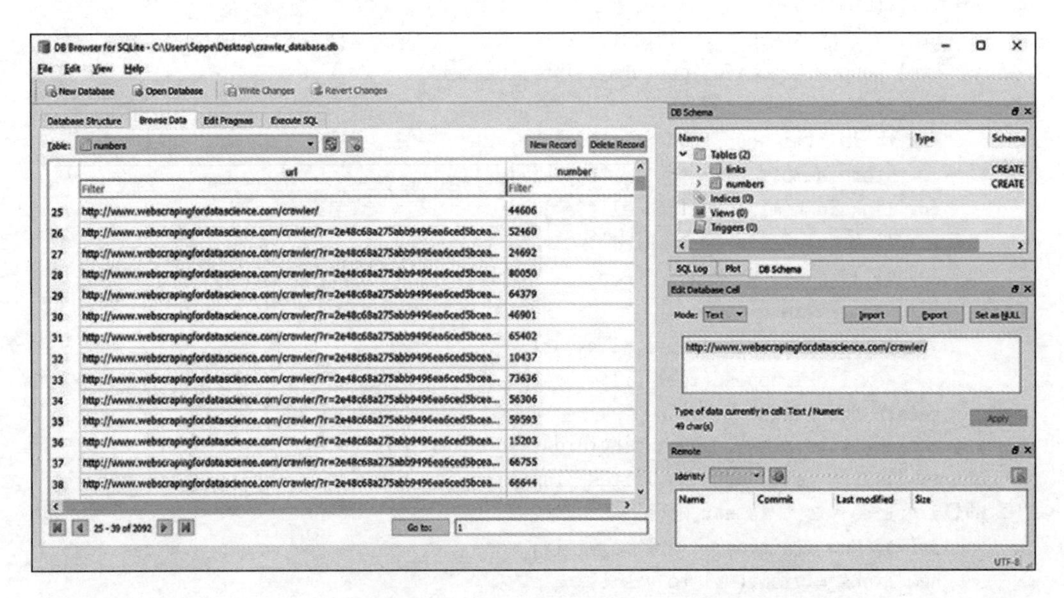

图 6-1　使用 DB Browser for SQLite 查看爬虫结果

SQLite　请注意，在这里使用的 SQLite 数据库适用于较小的项目，但是一旦开始并行化处理程序就可能会遇到麻烦。启动上述脚本的多个实例在一定程度上很可能会正常工作，但由于 SQLite 数据库文件被锁定（即在另一个脚本的进程处理中使用很长时间），随时都有可能崩溃。同样，在脚本中设置多线程时，使用 SQLite 也会非常困难。在这种情况下，切换到面向服务器客户端的数据库（如 MySQl 或 Postgresql）可能是一个不错的选择。

现在让我们尝试使用相同的框架来构建 Wikipedia 爬虫。计划是存储页面标题，并从主页开始跟踪每页上的“(from,to)”链接。请注意，我们的数据库方案在这里看起来有点不同：

```
import requests
import records
from bs4 import BeautifulSoup
from urllib.parse import urljoin, urldefrag
from sqlalchemy.exc import IntegrityError
```

```
db = records.Database('sqlite:///wikipedia.db')

db.query('''CREATE TABLE IF NOT EXISTS pages (
            url text PRIMARY KEY,
            page_title text NULL,
            created_at datetime,
            visited_at datetime NULL)''')
db.query('''CREATE TABLE IF NOT EXISTS links (
            url text, url_to text,
            PRIMARY KEY (url, url_to))''')

base_url = 'https://en.wikipedia.org/wiki/'

def store_page(url):
    try:
        db.query('''INSERT INTO pages (url, created_at)
                    VALUES (:url, CURRENT_TIMESTAMP)''', url=url)
    except IntegrityError as ie:
        # This page already exists
        pass

def store_link(url, url_to):
    try:
        db.query('''INSERT INTO links (url, url_to)
                    VALUES (:url, :url_to)''', url=url, url_to=url_to)
    except IntegrityError as ie:
        # This link already exists
        pass

def set_visited(url):
    db.query('''UPDATE pages SET visited_at=CURRENT_TIMESTAMP
                WHERE url=:url''', url=url)

def set_title(url, page_title):
    db.query('UPDATE pages SET page_title=:page_title WHERE url=:url',
             url=url, page_title=page_title)

def get_random_unvisited_page():
    link = db.query('''SELECT * FROM pages
                       WHERE visited_at IS NULL
                       ORDER BY RANDOM() LIMIT 1''').first()
    return None if link is None else link.url

def visit(url):
    print('Now visiting:', url)
    html = requests.get(url).text
    html_soup = BeautifulSoup(html, 'html.parser')
    page_title = html_soup.find(id='firstHeading')
    page_title = page_title.text if page_title else ''
```

```
    print(' page title:', page_title)
    set_title(url, page_title)
    for link in html_soup.find_all("a"):
        link_url = link.get('href')
        if link_url is None:
            # No href, skip
            continue
        full_url = urljoin(base_url, link_url)
        # Remove the fragment identifier part
        full_url = urldefrag(full_url)[0]
        if not full_url.startswith(base_url):
            # This is an external link, skip
            continue
        store_link(url, full_url)
        store_page(full_url)
    set_visited(url)

store_page(base_url)
url_to_visit = get_random_unvisited_page()
while url_to_visit is not None:
    visit(url_to_visit)
    url_to_visit = get_random_unvisited_page()
```

需要说明的是，代码中采用了一些额外措施来阻止访问不希望的链接，即那些不是基本 URL 的外部链接，同时代码还使用了 `urldefrag` 函数来删除 URL 链接中的片段标识符（即“#”之后的部分），因为即使它附加了片段标识符，我们也不想再次访问同一页面，这样做就等同于访问和解析没有片段标识符的页面。换句话说，我们不希望在队列中同时包含“page.html#part1”和“page.html#part2”，而简单地包含“page.html”就足够了。

如果让这个脚本运行一段时间，你可以使用收集的数据做一些有趣的事情。例如，可以尝试使用 Python 中的“NetworkX”库，使用每页上的“(from,to)”链接创建图形。在第 9 章中，我们将进一步探讨这些用例。

另外，需要提醒的是此处我们假设事先知道要从页面中获取哪些信息（本例中为页面标题和链接）。如果事先不知道要从爬取的页面中获取什么，则可能需要进一步拆分页面的结构。例如，存储一个可以由代码解析 HTML 内容的完整副本。这是最通用的设置，但具有额外的复杂性，如下面的代码显示：

```
import requests
import records
import re
import os, os.path
```

```
from bs4 import BeautifulSoup
from urllib.parse import urljoin, urldefrag
from sqlalchemy.exc import IntegrityError

db = records.Database('sqlite:///wikipedia.db')

# This table keeps track of crawled and to-crawl pages
db.query('''CREATE TABLE IF NOT EXISTS pages (
            url text PRIMARY KEY,
            created_at datetime,
            html_file text NULL,
            visited_at datetime NULL)''')
# This table keeps track of a-tags
db.query('''CREATE TABLE IF NOT EXISTS links (
            url text, link_url text,
            PRIMARY KEY (url, link_url))''')

# This table keeps track of img-tags
db.query('''CREATE TABLE IF NOT EXISTS images (
            url text, img_url text, img_file text,
            PRIMARY KEY (url, img_url))''')

base_url = 'https://en.wikipedia.org/wiki/'
file_store = './downloads/'

if not os.path.exists(file_store):
    os.makedirs(file_store)

def url_to_file_name(url):
    url = str(url).strip().replace(' ', '_')
    return re.sub(r'(?u)[^-\w.]', '', url)

def download(url, filename):
    r = requests.get(url, stream=True)
    with open(os.path.join(file_store, filename), 'wb') as the_image:
        for byte_chunk in r.iter_content(chunk_size=4096*4):
            the_image.write(byte_chunk)

def store_page(url):
    try:
        db.query('''INSERT INTO pages (url, created_at)
                    VALUES (:url, CURRENT_TIMESTAMP)''',
                 url=url)
    except IntegrityError as ie:
        pass

def store_link(url, link_url):
    try:
        db.query('''INSERT INTO links (url, link_url)
                    VALUES (:url, :link_url)''',
                 url=url, link_url=link_url)
```

```
    except IntegrityError as ie:
        pass

def store_image(url, img_url, img_file):
    try:
        db.query('''INSERT INTO images (url, img_url, img_file)
                    VALUES (:url, :img_url, :img_file)''',
                 url=url, img_url=img_url, img_file=img_file)
    except IntegrityError as ie:
        pass

def set_visited(url, html_file):
    db.query('''UPDATE pages
                SET visited_at=CURRENT_TIMESTAMP,
                    html_file=:html_file
                WHERE url=:url''',
             url=url, html_file=html_file)

def get_random_unvisited_page():
    link = db.query('''SELECT * FROM pages
                       WHERE visited_at IS NULL
                       ORDER BY RANDOM() LIMIT 1''').first()
    return None if link is None else link.url

def should_visit(link_url):
    link_url = urldefrag(link_url)[0]
    if not link_url.startswith(base_url):
        return None
    return link_url

def visit(url):
    print('Now visiting:', url)
    html = requests.get(url).text
    html_soup = BeautifulSoup(html, 'html.parser')
    # Store a-tag links
    for link in html_soup.find_all("a"):
        link_url = link.get('href')
        if link_url is None:
            continue
        link_url = urljoin(base_url, link_url)
        store_link(url, link_url)
        full_url = should_visit(link_url)
        if full_url:
            # Queue for crawling
            store_page(full_url)
    # Store img-src files
    for img in html_soup.find_all("img"):
        img_url = img.get('src')
```

```
            if img_url is None:
                continue
            img_url = urljoin(base_url, img_url)
            filename = url_to_file_name(img_url)
            download(img_url, filename)
            store_image(url, img_url, filename)
        # Store the HTML contents
        filename = url_to_file_name(url) + '.html'
        fullname = os.path.join(file_store, filename)
        with open(fullname, 'w', encoding='utf-8') as the_html:
            the_html.write(html)
        set_visited(url, filename)

    store_page(base_url)
    url_to_visit = get_random_unvisited_page()
    while url_to_visit is not None:
        visit(url_to_visit)
        url_to_visit = get_random_unvisited_page()
```

上述程序执行了很多内容。首先，创建三个表：

- 一个用于跟踪 URL 的“pages”表，不管我们是否已经访问过它们（就像前面的示例一样）。但现在还引用了一个“html_file”字段，该字段引用包含页面 HTML 内容的文件。
- 一个“links”表，用于跟踪页面上的链接。
- 一个“images”表，用于跟踪下载的图像。

对于访问的每个页面，提取所有“<a>”标签并存储它们的链接，使用定义的 should_visit 函数来确定是否还应该在“pages”表中对爬取的链接进行排队。接下来，检查所有“<img>”标签并将其下载到磁盘。定义了 url_to_file_name 函数，以确保使用正则表达式获取正确的文件名。最后，访问页面的 HTML 内容也保存到磁盘，文件名存储在数据库中。如果让这个脚本运行一段时间，最终会得到大量的 HTML 文件和下载的图像，如图 6-2 所示。

可以对此设置进行许多其他修改。例如，在爬取页面期间可能没有必要存储链接和图像，因为也可以从保存的 HTML 文件中收集这些信息。另一方面，你可能希望尽可能早地保存爬取的网页信息，并在下载列表中包含其他媒体元素。应该清楚的是，网络爬虫脚本有多种形式和大小，不要用“一刀切”的方式来处理每个项目。因此，在处理网络爬虫时，请从设计角度仔细考虑并在代码中实现。

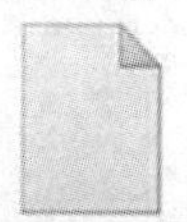

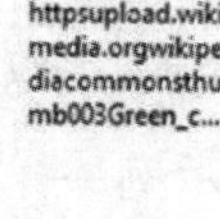

图 6-2　爬取的一组图像和网页

深度探索　例如，为了包含仍需要爬取的其他一些信息，你可能还希望排除“special”或“talk”页面，或者引用从爬虫中获取文件的页面。还要记住，上面的示例没有考虑到从页面收集的信息可能会变得“陈旧”的事实，也就是说，一旦页面被爬取，将永远不会在脚本中再次考虑它。可以尝试使用一种方法来改变这种情况（提示：“visited_at”时间戳可用于确定是否需要再次访问该页面）。其他值得思考的问题还有：如何在搜索新页面和更新旧页面之间取得平衡？哪些页面将获得更高的优先级，以及如何获得更高的优先级？

综上，可以知道网络爬虫的实现是通过 HTTP、requests、HTML、Beautiful Soup、JavaScript、Selenium 和爬虫技术一起完成的。本书第 9 章包含了一些完整的实例，展示了使用真实的万维网站进行网络爬虫的一些大型项目。然而，首先，我们将在技术细节中后退一步，讨论网络爬虫涉及的管理和法律方面的内容。

03

第三部分

相关管理问题及最佳实践

P　A　R　T　3

CHAPTER 07

第7章
网络爬取涉及的管理和法律问题

到目前为止，一直在关注“网络爬取”的技术部分。现在后退一步，将学到的概念与数据科学的一般领域联系起来，特别是当你计划将网络爬取纳入数据科学项目时出现的管理问题，然后本章还将对网络爬取的法律方面进行深入讨论。

7.1 数据科学过程

作为一名数据科学家（或有志成为数据科学家的人），你可能已经意识到“数据科学”实际上已经成为一个超负荷的术语。很多公司正在接受这样一个事实：数据科学包含的广泛技能几乎不可能在一个人身上全部找到，因此需要一个多学科团队，包括：

- 基础理论家、数学家、统计学家（熟悉回归、贝叶斯建模、线性代数、奇异值分解等）。
- 数据维护人员（熟悉 SQL、Python 的 pandas 库和 R 的 dplyr 包）。
- 分析师和建模者（可以使用 R 或 SAS 构建随机森林或神经网络模型）。
- 数据库管理员（DB2 或 MSSQL 专家，对数据库和 SQL 有深刻理解的人）。
- 商业智能专家（做分析报告、使用仪表板以及数据仓库和 OLAP 多维数据集）。
- IT 架构师和“DevOps”人员[⊖]（维护建模环境、工具和平台的人员）。
- 大数据平台专家（熟悉 Hadoop、Hive 和 Spark 的人）。

⊖ 译者注：DevOps 指“软件开发人员（Dev）”和“IT 运维技术人员（Ops）”之间沟通合作的文化。

- “黑客”（那些在命令行上操作熟练的人，知道很多并可以快速完成、打破常规）。
- 业务集成商、赞助商和支持者（知道如何将业务问题转化为数据需求和建模任务，能将结果返回到利益相关者，同时强调数据和数据科学在组织中重要性的人）。
- 管理层（高层管理者将关注的焦点放在议程上，并将其渗透到组织的各个层面）。
- 还有，当然是网络爬取人员（熟悉到目前为止你学到的内容）。

数据科学和数据分析得以快速发展，目前围绕人工智能和深度学习，也再次引发企业对这些技能的重视。

在任何情况下，数据科学都是有条理地从数据中提取价值。在这种方式中，人们意识到数据需要大量的处理，并且在变得有价值之前需要很多利益相关者的工作。因此，无论是构建预测模型来预测将会流失的客户、客户对营销活动的积极响应、客户细分任务或者只是自动创建列出一些描述性统计数据的定期报告，组织活动的数据科学通常通过“过程”来描述：用工作流描述一个数据科学项目中所需要采取的步骤。该过程的基础是数据。过程框架已经有很多，其中 CRISP-DM 和 KDD（Knowledge Discovery in Databases）过程目前是最受欢迎的两个过程框架。

CRISP-DM（Cross-Industry Standard Process for Data Mining）是“数据挖掘的跨行业标准流程”。KDnuggets（https://www.kdnuggets.com/）在过去十年中进行的民意调查表明，它是数据挖掘行业人员和数据科学家使用最多的方法。图 7-1 描述了 CRISP-DM 过程。

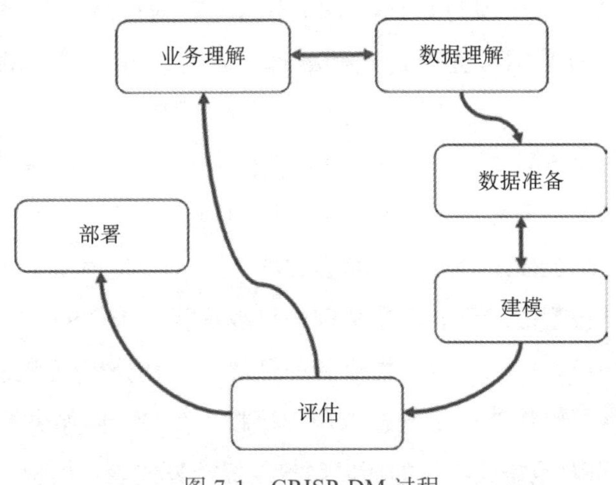

图 7-1　CRISP-DM 过程

CRISP-DM 非常受欢迎，因为它明确强调了数据科学的循环性：如果项目的结果与预期不一致，通常必须回到起点寻找新的数据源。KDD 过程比 CRISP-DM 稍微久远一些，并且描述了相似的步骤（更多地是作为一个直接的路径，但是在这里还要记住，返回一些步骤也是必要的）。KDD 过程包括：

- **识别业务问题**。与 CRISP-DM 中的“业务理解”步骤类似，第一步包括业务问题的全面定义，例如抵押贷款组合的客户细分、后付费电信订阅的建模或信用卡的欺诈检测。定义分析建模的范围需要数据科学家和业务专家之间的密切合作，两者需要就一系列关键概念达成一致，例如如何定义客户、交易、流失、欺诈等，想要预测的是什么（如何定义），以及何时对结果感到满意。
- **确定数据来源**。接下来，需要确定可能具有潜在利益的所有源数据。这是一个非常重要的步骤，因为数据是任何分析工作的关键因素，数据的选择对后面步骤中建立的分析模型具有决定性的影响。
- **选择数据**。这里的一般黄金法则是数据越多越好，但在此步骤中应丢弃与当前问题无关的数据源。然后将所有适当的数据收集到一个暂存区域中，并合并到数据仓库、数据集甚至是简单的电子表格文件中。
- **清理数据**。收集数据后，接下来要进行长时间的预处理和数据清理步骤，以消除所有不一致性，例如缺失值、异常值和重复数据。
- **转换数据**。预处理步骤通常还包括冗长的转换部分。可以考虑附加一些变换，例如字母数字到数字编码、地理聚合、用于改善对称性的对数变换以及其他智能的“特征化”方法。
- **分析数据**。上述步骤与 CRISP-DM 中的“数据理解”和“数据准备”步骤相对应。一旦数据被充分清理和处理，就可以开始实际的分析和建模（在 CRISP-DM 中称为“建模”）。这里对预处理和转换后的数据估计了一个分析模型。根据业务问题，数据科学家将选择和实施特定的分析技术。
- **解释、评估和部署模型**。最后，一旦模型构建完成，业务专家将对其进行解释和评估（在 CRISP-DM 中表示为“评估”）。分析模型可能检测到多个模式并将其用于模型的验证。但是关键的挑战是找到未知的、有趣的且可操作的模式，这些模式可以为数据提供新的见解。一旦分析模型得到适当的验证和确认，它就可以作为一个分析应用程序投入生产（例如决策支持系统、评分引擎等）。重要地是要考虑如何以用户友好的方式表示模型输出、如何将其与其他应用程序（例如营销活动管理工具，风险引擎等）集成以及如何确保分析模型可以持续工作。通常，分析模型的部署需要 IT 专家的支持，这将有助于"产品化"模型。

7.2　网络爬取适合用于哪里

网络爬取适用于数据科学过程的很多部分。然而，在大多数项目中，网络爬取将成为识别和选择数据源的重要部分。也就是说，收集可用于建模的数据集中的数据。

在此需要提出警告，即需要始终牢记所构建模型的生产设置（"模型训练"与"模型运行"之间的差异）。如果将模型构建为一个一次性的项目，用于描述或找到一些有趣的模式，那么可以通过各种方式尽可能多地利用爬取的数据和外部数据。但是，如果将模型作为预测分析应用程序，那么请记住，模型在部署时需要访问相同的变量，就像训练时一样。因此，需要仔细考虑将爬取的数据源合并到这样的设置中是否可行，因为需要确保相同的数据源仍然可用，并且可以在以后继续爬取它们。网站可能更改，依赖于网络爬取的数据收集部分需要大量的维护，以便及时实现修复或更改。在这些情况下，你可能仍然希望依赖像 API 这样更强大的解决方案。根据你的项目，此要求可能或多或少地难以处理。例如，如果你爬取的数据是在一整年的时间内"保持有效"的聚合数据，那么你当然可以在部署期间运行模型时继续使用收集的数据（需安排在例如年度结束之前刷新数据）。始终牢记模型的生产设置：你是否可以在应用和使用模型时访问所需的数据，或者仅在训练模型期间访问？谁将负责确保此数据的访问？这个模型仅仅是有限期地使用，还是它将被使用和维护数年？

在某些情况下，网络爬取部分将构成数据科学项目的主要组成部分。这在一些基本的数据统计或者一个吸引人的可视化例子中是很常见的，这些数据都是建立在爬取的结果之上，以一种用户友好的方式呈现结果和探索收集到的数据。尽管如此，这里仍然需要提出相同的问题：这是一个使用时间有限的一次性产品，还是人们希望在更长的时间内保持最新和使用的产品？

如何回答这些问题将对网络爬取的建立产生很大影响。如果你只需要使用网络爬取来收集结果以快速验证概念、描述模型或生成一个报告，为了快速获取数据可以牺牲稳健性。如果软件在生产过程中也要使用爬取的数据（如进行年度信息的汇总），爬取结果仍然是可行的，但在下次使用时需要刷新数据集，并保持配置的健壮性和文档的可读性。如果每次运行模型时都要清除信息，那么爬取部分将实际成为部署设置的一部分，包括与监视、维护和错误处理相关的所有问题。一定要提前确认哪些团队将对此负责！

还有另外两个“管理警告”。其中一个与数据质量有关。如果你一直按照规范处理数据，那么毫无疑问你会听说过 GIGO 原则：无用输入，无用输出。当你依靠万维网收集数据时，伴随着所有的混乱和非结构化数据，要对数据质量有所准备。实际上，在抓取中尽可能多地包含清理和故障保护非常重要，因为你最终几乎都会遇到一个页面，其中出现了一个额外的未预见的 HTML 标签，或者预期的文本不存在，或者某些内容的格式不同。另一个警告与可靠性有关。事实上，同样的观点不仅适用于网络爬取，也适用于 API。过去几年中许多有前途的初创公司已经开始利用 Twitter、Facebook 或其他一些 API 提供优质服务。如果网站的提供者或所有者决定提高价格时怎么办？或者不再提供相关服务时怎么办？因为供应商改变了规则，许多产品就随之消失了。使用外部数据通常被认为是一颗“银弹”[⊖]——“如果我们能得到 Facebook 所拥有的信息就好了！”不过在被这些想法左右之前，要仔细考虑所有可能的结果。

7.3　法律问题

2015 年，一家名为 hiQ Labs 的美国初创公司登上了《经济学人》(The Economist) 的封面，这家公司解释了他们对人力资源分析（human resource analytics）的新方法。这是数据科学的应用领域，随后迅速受到越来越多的关注，至今依然很受欢迎。该公司的方法是利用大量的数据集来帮助企业了解失去一名高级员工的成本、预测谁将离开公司以及谁将是潜在新员工中排名最高的候选人。2017 年 8 月，有消息称，hiQ Labs 收集的大部分“庞大的数据集”都来自微软旗下的领英（LinkedIn）。

对于这种状况，LinkedIn 和微软的高管们显然十分不满。他们认为，这些数据属于 LinkedIn，于是发表声明，要求 hiQ 停止爬取 LinkedIn 上的数据，并实施各种技术阻止 hiQ。

在这种情况下，该创业公司以提起诉讼作为还击，要求 LinkedIn 取消其阻止 hiQ 使用数据而设置的技术障碍。LinkedIn 争辩说，hiQ Labs 爬取数据违反了 1986 年的计算机欺诈和滥用法案（CFAA 是一项经常在类似情况下被引用的立法）。法官不同意这一说法，并担心 LinkedIn“为了反竞争目的而不公平地利用其在专业社交

⊖　译者注：银弹，这里指具有极端有效性的解决方法，或人们寄予厚望的某种新科技。

网络市场的力量”（hiQ 提供证据证明 LinkedIn 正在开发 hiQ 的人才监控管理软件的自己版本），甚至将 LinkedIn 的论点与允许网站所有者“基于种族或性别歧视屏蔽个人或团体的访问”进行了比较。法院的解释是：“当用户访问的数据向公众开放时，即使是采用技术措施，也不能不允许用户使用自动程序来访问数据。”

围绕此案的宣传肯定对 hiQ 有利，并导致 hiQ 拥有了更多潜在的客户（见 https://www.bloomberg.com/news/features/2017-11-15/the-brutal-fight-to-mine-your-data-and-sell-it-to-your-boss）。虽然这个事情对于担心网络爬取法律问题的公司和个人来说是有利的，但这里必须给出两个重要意见。首先，在撰写本文时，该裁决是一项初步的判决，而不是最终的结果，因为 LinkedIn 已宣布它将把案件提交给美国联邦第九巡回上诉法院。其次，“数据对公众开放”存在一些主观性。在这个特殊的案例中，hiQ 被允许从 LinkedIn 的个人资料中获取任何可以访问的数据，而无须登录到该服务，也就是说，LinkedIn 成员的信息被指定为是公开可见的。目前尚不清楚这一裁决是否适用于要求用户登录的网页。这为数据巨头提供了容易操作的漏洞以保护他们的数据。例如，Facebook 一直要求用户登录以查看其信息，即使对于已将其信息表示为“公开”的个人资料也是如此。

在 2014 年，另一家提供购物应用的初创公司 Resultly 通过爬取不同零售商的数据来构建销售商品目录，意外地使电视零售商 QVC 的服务器过载，导致服务中断，据 QVC 称，造成了 200 万美元的收入损失。QVC 基于计算机欺诈和滥用法案申请了一个初步禁令。然而，法庭也裁定“结果并不是 QVC 的竞争对手、心怀不满的 QVC 员工或不满意 QVC 的客户想要对 QVC 的服务造成损害”，因此这家公司缺乏破坏 QVC 系统的必要意图。法院还指出，QVC 使用了 Akamai 的缓存服务，因此 Resultly 的爬取操作访问的是 Akamai 的服务器，而不是 QVC 的。

其他法庭案件对于爬取党来说并不是那么有利：

- 就 Associated Press（AP）与 Meltwater 之间的官司而言，媒体监控公司 Meltwater 一直在爬取 AP 的网站，并从 AP 的新闻文章中提取并重新发布了大量文本。Meltwater 声称它是在版权法条款下合理使用的，而法院认定该案件中 AP 占据优势。
- 对于 Ticketmaster 与 Riedel Marketing Group（RMG）的官司，后者爬取了 Ticketmaster 的网站，以便可以获得大量值得转售的门票。Ticketmaster 认为 RMG 已同意该网站的条款，但却违反了这些条款，法院认为 RMG 侵犯了 Ticketmaster 受版权保护的内容。

- 在 Craigslist 与 Naturemarket 的案件中，Naturemarket 爬取了 Craigslist 网站上的电子邮件地址。Craigslist 起诉，声称其版权受到侵犯，Naturemarket 违反了计算机欺诈和滥用法案，以及其使用条款。法庭判 Craigslist 支付超过一百万美元的赔偿。
- 在 Ryanair Ltd 与 PR Aviation BV 之间的案件中，欧洲法院裁定，不受数据库指令保护的公开数据库所有者可以通过其网站上的合同条款自由地限制数据的使用。PR Aviation 从 Ryanair 的网站上提取数据，比较价格并通过支付佣金预订航班。Ryanair 要求任何访问其网站上航班数据的人在一个方框内打勾以接受其条款和条件，其中包括禁止在未经该航空公司许可的情况下，出于商业目的从其网站上自动提取数据。法院认定 Ryanair 可以自由地对其数据库的使用制定合同限制，因此对该案件做出了有利于它的裁决。
- 2006 年，Google 与比利时媒体公司 Copiepresse 展开了一场旷日持久的法律大战。比利时初审法院发出了禁止禁令，并指出 Copiepresse 已要求法院裁定 Google 版权侵权，要求 Google 从其新闻网站撤回比利时出版物的所有文章、照片和图片，这些服务内容规避了能使出版商获得巨额收入的广告。根据调查结果，法院认定 Copiepresse 的申诉可以受理，要求 Google 从其所有网站撤回 Copicpresse 的内容。Google 对此判决提出上诉，为了报复，他们还停止了几个月来在其主要搜索引擎上引用这些报纸的网站（正如判决中提到“所有 Google 的网站”）。这导致了 Copiepresse 和 Google 之间的一场战斗，最终他们达成协议，在 2011 年再次加入这些网站。
- 回到美国的相关案件，第二巡回上诉法院认为，Google 对数百万本书籍的扫描实际上是使用合理的，即使这些作品受到版权保护。因为在公平使用的原则下，它的行为具有变革性。法院还确认事实不受版权保护，这表明从网站上获取事实数据本身并不构成侵权。
- 在 Facebook 诉讼 Power Ventures 的案件中，Facebook 还声称被告违反了 CFAA 和 CAN-SPAM 法案，这是一项联邦法律，禁止发送带有重大误导信息的商业电子邮件。法官判决原告胜诉。
- 在 LinkedIn 诉 Doe Defendants 一案中，LinkedIn（再次）向数百名匿名用户提起诉讼，指控他们使用机器人从其网站上获取用户资料。该案仍在审理中，并已传唤 Scraping Hub (向被告提供信息爬取服务的公司) 在法庭上作出回应。

这样的例子不胜枚举。显而易见的是，围绕网络爬取的法律仍在不断发展，并且许多被认为违反的法律在当今的数字时代尚未成熟。在美国，大多数法院的案件涉及以下侵权或责任之一。

- **违反网站的条款**：大多数网站在其网页上发布的条款或最终用户许可协议，通常明确解决了是否允许爬虫工具访问其网站的问题。这是为了通过在网站所有者和爬取者之间建立一个合同来建立违约责任。但是，由于爬取方并没有主动接受，因而在网站上发布此类条款可能不足以表明使用爬取违反了网站的条款。更具有可执行性的是使用显式复选框或“我接受”链接，那么网络爬取工具必须主动点击以接受这些条款。对于登录到站点以访问非公共区域的爬取应用程序也是如此，因为创建关联账户通常还包括明确的条款协议。
- **版权或商标侵权**：在美国，“合理使用”的法律原则允许在未经版权所有者明确许可的情况下，在某些条件下限制使用受版权保护的材料。用于诸如模仿、批评、评论或学术研究等目的被视为合理使用。然而，受版权保护材料的大多数商业用途都不适用这种原则。
- **计算机欺诈和滥用法案（CFAA）**：有几项联邦和州法律是禁止黑客攻击或访问别人的计算机。CFAA 规定，任何“未经授权故意访问计算机 ...... 以及由于此类行为导致的损失”，基本上都是违法行为，尤其是在被侵犯的网站可以证明存在损失或损害的情况下。
- **非法侵害动产**：这是民事不法行为的一个专业术语，意味着一个人干涉了另一个人的个人财产，造成了价值的损失或损害，有时也被用作网络爬取的侵权理论，比如 1999 年 eBay 和 Bidder’s Edge 的案例。
- **机器人排除协议**：这是一种行业标准，允许网站嵌入“robots.txt”文件，该文件向网络爬虫工具传达指令，以指示哪些爬虫工具可以访问该网站，以及它们可以访问哪些网页。但是，它具有有限的法律价值，最好在你的网络爬取脚本中验证此文件，以检查网站所有者是否允许爬虫和爬取工具。
- **千禧年数字版权法（DMCA）、CAN-SPAM 法案**：在某些情况下，这些也被包括在网络爬取的法庭案例中。

欧盟（EU）的案件受不同的立法和法律制度的约束，但许多相同的原则也适用，例如条款或受版权保护的作品。在欧盟，大多数网站和数据库所有者都倾向于依赖针对爬取工具的版权侵权进行索赔。其他一些关键条款是：

- **1996 年欧盟数据库法令**：该法令为未被知识产权保护的数据库创建者提供法律保护，以便保护非数据库创建者创建的原始数据。特别地，在获取、验证或提供内容方面进行了定性和 / 或定量的重大投资的情况下，该法令提供了保护。2015 年欧洲法院对 Ryanair 一案的裁决，极大地增强了网站运营商在数据库法令未涵盖的情况下，通过合同条款和条件保护内容的能力。
- **计算机滥用法案和非法侵害动产**：除侵犯知识产权外，理论上网站所有者还有其他反对网络爬取的法律论据。就像在美国一样，在英国，一个网站的所有者可能会试图将非法侵权行为的普通法侵权转向动产侵权索赔。英国的网站所有者也可以引用 1990 年的计算机滥用法案，该法案禁止未经授权访问或修改计算机资料。

很明显，网络爬取，尤其是大规模的或者出于商业原因的，有着复杂的法律含义。因此，在开始此类项目之前，始终建议咨询律师、适当的专家或执法长，并牢记以下关键原则。

- **获得书面许可**：避免法律问题的最佳方法是获得网站所有者的书面许可，包括你可以收集哪些数据，以及可以收集到什么程度。
- **检查使用条款**：这些条款通常包括禁止自动提取数据的明确条款。通常，站点的 API 会有自己的使用条款，也应该检查一下。
- **仅限公共信息**：如果网站公开披露信息，而没有明确要求接受条款和条件，适度的爬取很可能是可以的。但是，需要你登录的网站则是另一回事。
- **不要造成损坏**：爬取时要友好！不要向网站发出大量请求来攻击网站，造成网络超载并妨碍正常使用。远离受保护的计算机，不要试图访问你无权访问的服务器。
- **版权和合理使用**：版权法似乎为原告在案件中提供了最强有力的保证。仔细检查你的爬取是否合理使用，不要在商业项目中使用受版权保护的作品。

08 CHAPTER

第8章 结语

现在，你已经准备好开始自己的网络爬取项目。本章将再给出一些相关内容以帮助你更好地开发网络爬虫。首先，介绍网络爬取环境中可供使用的其他有用的工具和库，然后总结网络爬取过程中要考虑的最佳实践方式和技巧。

8.1 其他工具

8.1.1 其他 Python 库

本书一直使用 Python 3 以及 requests、Beautiful Soup 和 Selenium 库。但需要提醒的是 Python 生态系统也提供了大量其他库来处理 HTTP 消息，比如内置的 “urllib” 模块。这个模块中的函数，如 “httplib2”（请参阅 https://github.com/httplib2/httplib2）“urllib3”（请参阅 https://urllib3.readthedocs.io/）“grequests”（请参阅 https://pypi.python.org/pypi/grequests）和 “aiohttp”（请参阅 http://aiohttp.readthedocs.io/），可以处理所有的 HTTP 消息。

当使用 Beautiful Soup 库时，库本身依赖于 HTML 解析器来执行大部分的批量解析工作。因此，在不使用 Beautiful Soup 库的情况下，可以直接使用低级别的解析器。另外，Python 中的 “html.parser” 模块也提供了解析器，可以将它作为 Beautiful Soup 的 “引擎” 使用，也可以直接使用。“lxml” 和 “html5lib” 是目前流行的其他可选择的库。有的人会更喜欢使用以上库，因为他们认为 Beautiful Soup 增加的额外开销减缓了爬取的速度。虽然在大多数情况下必须首先处理其他问题后才将速度作为真正关注的重点，例如设置并行抓取机制，但使用 Beautiful Soup 库减缓了爬取的速度的确是事实。

8.1.2 Scrapy 库

Python 生态系统还有其他值得关注的爬取库，而不仅仅是目前为止提到的这些。Scrapy（请参阅 https://scrapy.org/）是一个综合的 Python 库，用于爬取网站并从网站中提取结构化数据，很受欢迎。而且，它能同时处理 HTTP 和 HTML 方面的问题，并提供命令行工具来快速设置、调试和部署网络爬虫。Scrapy 是一个值得学习的强大工具，即使它的程序接口与 requests、Beautiful Soup 或 Selenium 有所不同，但是根据目前所学的知识应该不会有太大问题。特别是在必须编写健壮的爬虫的情况下，查看 Scrapy 非常有用，因为它为重新启动脚本、并行爬取、数据收集等提供了许多合理的默认设置。使用 Scrapy 的主要优点是可以很容易地在“Scrapy Cloud”（请参阅 https://scrapinghub.com/scrapy-cloud）中部署爬取工具，其中“Scrapy Cloud”是一个用于运行网络爬虫的云平台。这有利于在服务器上快速运行程序而无须进行服务器托管。不过请注意，这种服务也是有代价的。另一种方法是在 Amazon AWS 或 Google 的 Cloud Platform 上设置你的爬取工具。Scrapy 的一个显著缺点是不能模拟完整的浏览器堆栈，因此使用此库来处理 JavaScript 会很困难。该问题可以通过使用插件将“Splash”（JavaScript 渲染服务）与 Scrapy 结合在一起来解决，但是这种方法的设置和维护有点麻烦。

8.1.3 缓存

缓存是另一个值得讨论的问题。到目前为止，还没有过多地讨论过缓存。但要记住，需要构建能够在客户端实现缓存的网络爬取的解决方案，这将会使获取的网页保留在其“内存中”，从而避免一次又一次地请求从而产生对网络服务器的持续冲击，这在脚本开发过程中特别有用（通常情况下，你会重新启动脚本来查看是否修复了错误、获得了预期的结果等）。这里要介绍一个非常有趣的库 CacheControl（请参阅 http://cachecontrol.readthedocs.io/en/latest/），可通过 pip 安装并直接与 requests 一起使用，如下所示：

```
import requests
from cachecontrol import CacheControl

session = requests.Session()
cached_session = CacheControl(session)
# You can now use cached_session like a normal session
# All GET requests will be cached
```

8.1.4 代理服务器

可以查看在开发环境中设置的本地 HTTP 代理服务器。HTTP 代理服务器充当 HTTP 请求中介的过程如下：客户端（网络浏览器或 Python 程序）发送 HTTP 请求，但现在不再通过 Internet 连接网络服务器，而是先将其发送到代理服务器。根据代理服务器的配置，它可能会决定在将请求发送到真实地址前修改请求。

HTTP 代理服务器能够派上用场的原因有多种：首先，大多数代理服务器都包含检查 HTTP 请求和响应的选项，因此它们可以在浏览器的 Developer tools 之上提供可靠的附加组件；其次，大多数代理服务器可以配置为启用缓存，将 HTTP 响应内容保留在其内存中，这样就不必为后续类似的请求而多次连接最终目标；最后，由于匿名原因，代理服务器也经常被使用。请注意，目标网络服务器将看到来自 HTTP 代理服务器的 HTTP 请求，该请求不一定需要在本地开发机上运行。因此，它们还被用作规避反网络爬取的手段，当网络服务器看到来自同一台计算机的请求太多时，可能会阻止请求。在这种情况下，可以购买提供 HTTP 代理服务器池的服务（请参阅 https://proxymesh.com/）或使用 Tor 等免费匿名服务（请参阅 https://www.torproject.org），Tor 主要是为了提供匿名性，可能不太适合网络爬取工具，因为它往往相对较慢，并且许多反网络爬取保留 Tor 在阻止列表来阻止它们。一些可靠的 HTTP 代理服务器，请查看 Squid（http://www.squid-cache.org/）或 Fiddler（https://www.telerik.com/fiddler）。

8.1.5 基于其他编程语言的爬取

若从 Python 迁移到其他语言，最好知道 Selenium 还为许多其他编程语言提供了库，其中，Java 即为其主要目标之一。如果你正在使用 R（另一种流行的数据科学语言），请务必查看“rvest”库（请参阅 https://cran.r-project.org/web/packages/rvest/），若读者已经受到像 Beautiful Soup 这样的库的启发，则可以很容易地使用 R 从 HTML 页面中爬取数据。最近人们对 JavaScript 的关注越来越多，而且它作为一种服务器端脚本语言也变得越来越可行，这也为这种语言带来了许多强大的爬取库。PhantomJS（请参阅 http://phantomjs.org/）已经成为一个非常受欢迎的选择，它模拟了一个完整的“无头”浏览器[⊖]（并且可以在 Selenium 中用作“驱动程序”）。由于 PhantomJS 代码有点冗长，因此提出了其他库，例如 Nightmare（请参阅 http://www.nightmarejs.org/），它们在 PhantomJS 之上提供了更加用户友好的高级 API。这个领域其他有趣的项目是 SlimerJS（请参阅 https://slimerjs.org/），它与 PhantomJS

⊖ 译者注：“无头”浏览器指不显示图形的浏览器。

类似，不同之处在于它运行在 MoZilla Firefox 的浏览器引擎 Gecko 之上，而不是 Webkit。CasperJS（请参阅 http://casperjs.org/）是另一个高级库，可以在 PhantomJS 或 SlimerJS 之上使用。最近另一个有趣的项目是 Puppeteer（请参阅 https://github.com/GoogleChrome/puppeteer），这是一个提供高级 API 来控制无头 Chrome 网络浏览器的库。在 PhantomJS 普及地推动下，Chrome 的开发人员正在花费大量精力为他们的浏览器提供无头版本。到目前为止，大多数依赖于完整浏览器的网络爬取部署都会使用 PhantomJS，它虽然是无头浏览器但与完整的浏览器只是略有不同。或者将 Firefox 或 Chrome 驱动程序与虚拟显示器一起使用，例如在 Linux 上使用 " Xvfb "。现在 Chrome 的真正无头版本变得越来越稳定，它正成为 PhantomJS 的强有力竞争者，特别是因为它也可以使用这种无头 Chrome 设置作为 Selenium 的驱动程序。PhantomJS 的前运维 Vitaly Slobodin 已经表示："人们最终会转向使用它，因为 Chrome 比 PhantomJS 更快、更稳定。并且它不会大量占用内存。" 2018 年 3 月，PhantomJS 的运维宣布该项目将不再进一步更新，敦促用户转而使用 Puppeteer（请参阅 https://github.com/ariya/phantomjs/issucs/15344）。将 Puppeteer 与 Python 以及 Selenium 结合使用仍然有点"超前"，但确实有效。如果你对此方法感兴趣，请查看 https://intoli.com/blog/running-selenium-with-headless-chrome/。

8.1.6　命令行工具

还值得一提的是，在调试网络爬取工具和与 HTTP 服务器交互时，一些有用的命令行工具可以派上用场。HTTPie（请参阅 https://httpie.org/）是一个命令行工具，具有出色的输出并且支持表单数据、会话和 JSON，使得该工具在调试 Web API 时也非常有用。

" cURL "是另一个较老但功能丰富且强大的命令行工具，它支持的不仅仅是 HTTP（请参阅 https://curl.haxx.se/）。此工具可以很好地与 Chrome 的 Developer Tools 配合使用，因为你可以在" Network "选项卡中右键单击任何请求，然后选择" Copy as cURL "。这将在剪贴板中生成一条命令，你可以将其粘贴到命令行窗口中，它将执行与 Chrome 完全相同的请求，并提供相同的结果。如果你在调试会话中陷入困境，使用此命令检查可能会给出提示，提示你没有在 Python 脚本包含哪个标头或 Cookie。

8.1.7　图形化的爬取工具

最后，我们还需要讨论一下图形化的爬取工具。这些可以作为独立程序使用，也可以通过浏览器插件使用。其中一些是免费的，如 Portia（https://portia.

scrapinghub.com）或 Parsehub（https://www.parsehub.com），而其他一些为商业产品，如 Kapow（https://www.kofax.com/data-integration-extraction）、Fminer（http://www.fminer.com/）和 Dexi（https://dexi.io/）。这些工具的功能有所不同。一些公司专注于其产品的用户友好性。“只要给我们指向一个 URL，我们就可以得到你感兴趣的数据，”如同魔术一样。这很有趣，但是基于目前为止学习到的内容，你能够以更强大（甚至可能更快）的方式重复相同的行为。正如我们所看到的，获取表格和链接列表很容易。通常，一旦页面中包含的数据以一种不太直接的方式构建，或者页面依赖于 JavaScript，这些工具将无法工作。价格较高的产品将会更加稳健一些。另外，这些工具通常还会模拟完整的浏览器实例，并允许你使用面向工作流的方法，通过拖放和配置各种步骤来编写爬取程序。图 8-1 显示了采用这种方法的 Kapow 的屏幕截图。虽然它也带来了许多缺点，但这已经足够好了。然而，首先许多这样的产品都非常昂贵，使得它们不太适合于实验、概念验证或小型项目中；其次，通常会基于用户单击他们希望检索的项目而从页面中进行元素检索。后台将构造一个 CSS 选择器或 XPath 规则来匹配所选元素。这本身很好（我们也在脚本中完成了这一点），但请注意，在微调此规则方面，程序并不像人类程序员那样聪明。在很多情况下，构造了一个非常精细的特定规则，一旦站点返回的结果中结构稍有不同或者对网页进行更新，它就会中断。就像用 Python 编写的爬取工具一样，你必须记住，如果想在更长的时间内使用它们，仍然需要维护爬取程序。图形化的工具不会为你解决此问题，甚至可能导致爬取工具更快地失效，因为构建的底层“规则”可能非常具体。许多工具允许你手动更改选择器规则，但为此，你必须了解它们的工作方式，因而采用面向对象的编程方法可能会变得更具吸引力。最后，根据使用这些工具的经验，我们还注意到它们包含的浏览器堆栈并不总是那么强大或者是最新的。可以预见各种情况，比如，内部浏览器在面对大量 JavaScript 页面时会崩溃。

8.2 最佳实践和技巧

我们贯穿全书提供了不同情况下的技巧。通过以下概述，我们还将提供一个最佳实践列表，并总结构建网络爬取时应该牢记的内容。

- 首先寻找 API：首先检查你要爬取的站点是否提供 API。如果没有，或者它没有提供你想要的信息，或者有速率限制，那么你可以决定使用网络爬取。

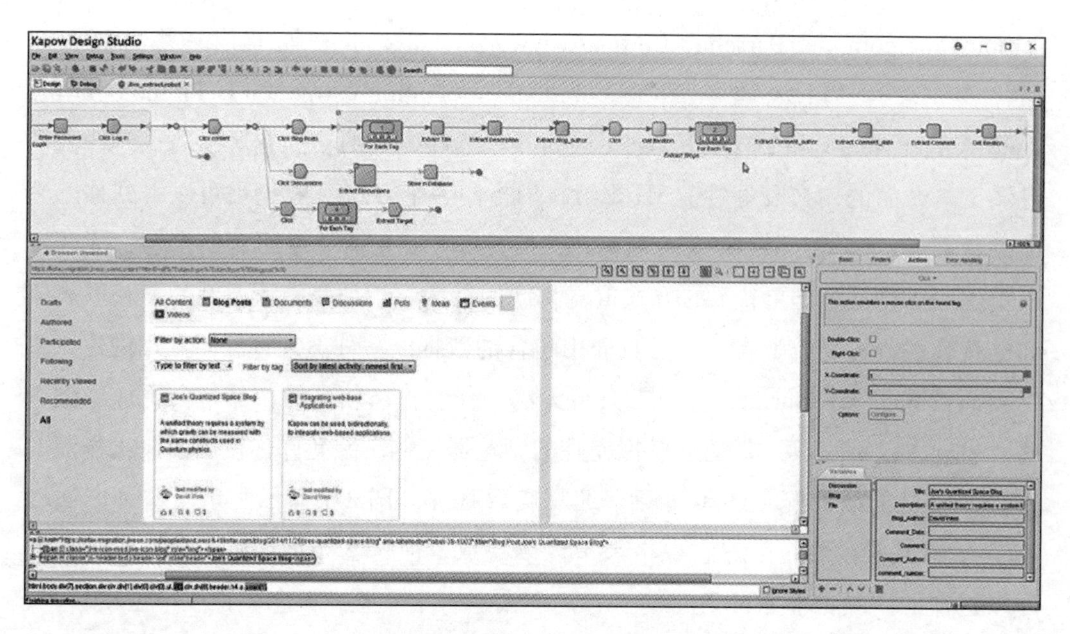

图 8-1　图形化网络爬取工具示例

- **不要手动解析 HTML**：使用诸如 Beautiful Soup 之类的解析器，而不是尝试手动或使用正则表达式进行解析。
- **正确使用**：不要对网站使用数百个 HTTP 请求，因为这样做最终很有可能导致被限制爬取。可以考虑联系该网站的网站管理员并找出一种合作方式。
- **注意 User-Agent 和 Referer**：记住“User-Agent”和“Referer”头，许多站点将检查这些来预防爬取或者是未经授权的访问。
- **网络服务器的特点**：无论是 URL 参数，头信息还是表单数据，一些网络服务器对其顺序、状态和值都有非常挑剔和奇怪的要求，有些甚至可能不符合 HTTP 标准。
- **检查浏览器**：如果无法弄清楚出现了什么问题，请从全新的浏览器会话开始，并使用浏览器的 Developer tools 跟进正常的网络会话，最好以“隐身”或“隐私浏览”窗口打开（以确保从一组空的 Cookie 开始）。如果一切顺利，你应该能够模拟相同的行为。请记住，你可以使用“curl”和其他命令行工具来调试疑难案例。
- **在使用完整的 JavaScript 引擎之前，请考虑内部 API**：检查浏览器的网络请求，看看是否可以在使用 Selenium 等更高级的解决方案之前直接访问使用 JavaScript 的数据源。

- **假设它会崩溃**：网络是一个动态的地方。确保编写的网络爬取工具能够在出现问题时及时提供详细的警告。
- **爬取是困难的**：在编写高级爬虫时，你将很快需要合并数据库，处理重新启动脚本、监视、队列管理、时间戳等，以创建健壮的爬虫工具。
- **关于验证码**：如果页面显示验证码（完全自动化的公共图灵测试，用来区分计算机和人类），这基本上是一种宣布不欢迎使用爬取工具的方式。然而，有很多办法可以解决这个问题。有些网站提供“验证码识别 API”（它背后有真正的人类，例如 http://www.deathbycaptcha.com），提供以合理的价格快速解决问题。一些现实生活中的项目使用了 Tesseract 等 OCR 软件（请参阅示例 https://github.com/tesseract-ocr 和 http://resources.infosecinstitute.com/case-study-cracking-online-banking-captcha-login-using-python/）来构建验证码求解器。你还将找到用于解决验证码的深度学习实现，例如，使用卷积神经网络（请参阅关于这个主题的最新报道：https://medium.com/towards-data-science/deep-learning-drops-breaking-captcha-20c8fc96e6a3、https://medium.com/@ageitgey/how-to-break-a-captcha-system-in-15-minutes-with-machine-learning-dbebb035a710 或 者 http://www.npr.org/sections/thetwo-way/2017/10/26/560082659/ai-model-fundamentally-cracks-captchas-scientists-say）。验证验证码是仅在多个请求之后出现还是随机出现也是一个好主意，在这种情况下，你可以实施后退或等待策略，只需等待一段时间再重试。虽然第 9 章的最后一个例子提供了一些指导，可以帮助你开始使用深度学习来破解验证码，但对于如何使用自动化方法来破解验证码，提供详尽的概述超出了本书的讨论范围。
- **有些工具有用，有些没用**：有各种公司提供“云爬取”解决方案，例如 Scrapy。使用它们的主要好处是，可以利用其服务器队列快速并行化爬取。但是，不要过多相信昂贵的图片爬取工具。在大多数情况下，它们只能处理基本页面，无法处理 JavaScript，或者会构建可能有效的爬取管道，但是使用非常细粒度和特定的选择器规则会在站点稍微改变 HTML 时中断。
- **爬取是一种猫捉老鼠的游戏**：有些网站为了防止爬取而走得太远。一些研究人员已经研究了各种方法，例如，Selenium 或 PhantomJS 等浏览器与正常浏览器不同（通过检查其头信息或 JavaScript 功能）。绕过这些检查是可能的，但总会很难爬取到某些特定的网站。例如关于如何检测基于 PhantomJS

访客的一个有趣的概述，请参阅 https://blog.shapesecurity.com/2015/01/22/detecting-phantomjs-based-visitors/，或者关于无头 Chrome 的类似概述 https://intoli.com/blog/making-chrome-headlessundetectable/。即使是通过 Selenium 使用 Chrome 时，也存在一些专门的解决方案来识别非人类模式，比如滚动、导航或快速单机、总是在元素的中间位置单击等。在你的项目中不太可能会遇到很多这样的情况，但仍需要记住这一点。

- **请记住管理和法律方面的问题，以及网络爬取在数据科学过程中的适用范围：** 如上所述，请考虑网络爬取带来的数据质量、稳健性和部署挑战。同样请记住，当你开始依赖网络爬取或开始滥用它时可能出现的潜在法律问题。

09 CHAPTER

第9章 示　例

本章包括几个较大的网络爬取示例。与前几章中展示的大多数例子相反，这里的实例有两个目的。首先，它们使用一些真实网站而非精心策划的、安全的环境来展示更多的例子。到目前为止，由于网络的动态特性，还没有使用很多实际的例子。同时，这里所介绍的实例可能不能得到与文中完全相同的结果，或者这些网站已无法访问。话虽如此，但我们尽可能使用一些对爬取相当友好且不易变化的网站。展示这些例子的第二个目的是强调贯穿全书的各种概念是如何融合和交互的，并给出一些面向数据科学的有趣实例。

本章将包含以下实例：

- 爬取 Hacker News 网页。该例使用 requests 和 Beautiful Soup 来爬取 Hacker News 首页。
- 使用 Hacker News API。该例展示如何将 API 与 requests 结合使用来提供另外的爬取方法。
- 爬取引用信息。该例使用 requests 和 Beautiful Soup，引入“ dataset”库作为存储数据的简便方法。
- 爬取书籍信息。该例使用 requests 和 Beautiful Soup 以及 dataset 库，说明如何在再次运行网络爬虫程序的情况下存储不重复的结果。
- 爬取 GitHub 上项目被收藏的次数。该例使用 requests 和 Beautiful Soup 爬取 GitHub 仓库，并展示如何使用 requests 执行登录，重申了我们关于法律问题的警告。
- 爬取抵押贷款利率。该例使用一个很有欺骗性的网站通过 requests 来爬取抵押贷款利率。

- **爬取和可视化 IMDB 评级**。该例使用 requests 和 Beautiful Soup 获取电视剧集的 IMDB 评级列表，还引入了“matplotlib”库来用 Python 画图。
- **爬取 IATA 航空公司信息**。该例使用 requests 和 Beautiful Soup 从使用复杂网页表单的网站中爬取航空公司信息，还提供了使用 Selenium 的替代方法。同时介绍了“pandas”库，并用其将爬取的结果转换为表格形式。
- **爬取和分析网络论坛的互动**。该例使用 requests 和 Beautiful Soup 来爬取网络论坛帖子并使用 dataset 库存储它们。根据收集的结果，使用 pandas 和 matplotlib 创建显示用户活动的热图。
- **收集和聚类时尚数据集**。该例使用 requests 和 Beautiful Soup 下载时尚图片，然后使用“scikit-learn”库对图片进行聚类。
- **Amazon 评论的情感分析**。该例使用 requests 和 Beautiful Soup 爬取 Amazon 用户评论列表，并用 dataset 库存储。然后使用 Python 中的“nltk”和“vaderSentiment”库分析这些内容，并使用 matplotlib 绘制结果。
- **爬取和分析维基百科关联图**。在这个例子中，扩展了 Wikipedia 爬虫程序，使用 requests 和 Beautiful Soup 来爬取页面，使用 dataset 库存储，然后使用“NetworkX”创建图形并用 matplotlib 将其可视化。
- **爬取和可视化董事会成员图**。该例使用 requests 和 Beautiful Soup 爬取标普 500 指数公司的董事会成员，并使用 NetworkX 画图和用“Gephi”实现可视化。
- **使用深度学习破解验证码图片**。该例展示了如何使用卷积神经网络破解验证码。

> **源代码**　所有实例的源代码在本书的配套网站 http://www.webscrapingfordatascience.com 上提供。

9.1　爬取 Hacker News 网页

以下将使用 requests 和 Beautiful Soup 爬取 https://news.ycombinator.com/news 的首页。如果你还没有听说过这个页面，请花点时间浏览一下。Hacker News 是一个很受欢迎的新闻聚合网站，计算机科学家、企业家、数据科学家对此很感兴趣。

在这个例子中，将使用一个简单的 Python 字典对象列表存储爬取的信息。爬取此页面的代码如下所示：

```
import requests
import re
from bs4 import BeautifulSoup

articles = []

url = 'https://news.ycombinator.com/news'

r = requests.get(url)
html_soup = BeautifulSoup(r.text, 'html.parser')

for item in html_soup.find_all('tr', class_='athing'):
    item_a = item.find('a', class_='storylink')
    item_link = item_a.get('href') if item_a else None
    item_text = item_a.get_text(strip=True) if item_a else None
    next_row = item.find_next_sibling('tr')
    item_score = next_row.find('span', class_='score')
    item_score = item_score.get_text(strip=True) if item_score else '0 points'
    # We use regex here to find the correct element
    item_comments = next_row.find('a', string=re.compile('\d+( |\s)
    comment(s?)'))
    item_comments = item_comments.get_text(strip=True).replace('\xa0', ' ') \
                        if item_comments else '0 comments'
    articles.append({
        'link' : item_link,
        'title' : item_text,
        'score' : item_score,
        'comments' : item_comments})

for article in articles:
    print(article)
```

这将输出以下内容：

```
{'link': 'http://moolenaar.net/habits.html', 'title': 'Seven habits of ↩
    effective text editing (2000)', 'score': '44 points', 'comments': ↩
    '9 comments'}
{'link': 'https://www.repository.cam.ac.uk/handle/1810/251038', 'title': ↩
    'Properties of expanding universes (1966)', 'score': '52 points', ↩
    'comments': '8 comments'}
[...]
```

可尝试扩展此代码以爬取到评论页面的链接，思考在爬取评论信息时可能遇到的情况（例如文本挖掘情况）。

9.2　使用 Hacker News API

请注意，Hacker News 有 API，提供结构化、JSON 格式的结果（请参阅 https://github.com/HackerNews/API）。现在重写 Python 代码使其作为 API 客户端，而不依赖于 Beautiful Soup 对 HTML 的解析：

```
import requests

articles = []

url = 'https://hacker-news.firebaseio.com/v0'

top_stories = requests.get(url + '/topstories.json').json()

for story_id in top_stories:
    story_url = url + '/item/{}.json'.format(story_id)
    print('Fetching:', story_url)
    r = requests.get(story_url)
    story_dict = r.json()
    articles.append(story_dict)

for article in articles:
    print(article)
```

这将输出以下内容：

```
Fetching: https://hacker-news.firebaseio.com/v0/item/15532457.json
Fetching: https://hacker-news.firebaseio.com/v0/item/15531973.json
Fetching: https://hacker-news.firebaseio.com/v0/item/15532049.json
[...]
{'by': 'laktak', 'descendants': 30, 'id': 15532457, 'kids': [15532761,     ↩
    15532768, 15532635, 15532727, 15532776, 15532626, 15532700, 15532634], ↩
    'score': 60, 'time': 1508759764, 'title': 'Seven habits of effective   ↩
    text editing (2000)', 'type': 'story', 'url': 'http://moolenaar.net/   ↩
    habits.html'}
[...]
```

9.3　爬取引用信息

下面将使用 requests 和 Beautiful Soup 爬取 http://quotes.toscrape.com。这个页面作为一个更实用的爬取平台，由 Scrapinghub 提供。读者可花一些时间来熟悉该页面。现在来爬取该页面所有信息，包括：

- 引用，包括作者和标签。
- 作者信息，包括出生日期、出生地点和简介。

我们将此信息存储在 SQLite 数据库中，使用 dataset 库（请参阅 https://dataset.readthedocs.io/en/latest/）来代替 records 库和手动编写 SQL 语句。dataset 库提供了一个简单的抽象层，可以删除大多数直接的 SQL 语句而无须完整的 ORM 模型，因此我们可以像使用 CSV 或 JSON 文件一样使用数据库来快速存储一些信息。通过 pip 可以轻松完成 dataset 的安装：

```
pip install -U dataset
```

非完整ORM　请注意，即使 dataset 在后台使用 SQLAlchemy，也不像 SQLAlchemy 那样替代完整的 ORM（对象关系映射）库。这意味着在数据库中快速存储大量数据，而不必定义架构或编写 SQL。对于更高级的用例，最好考虑使用真正的 ORM 库或亲自定义数据库架构并手动查询。

爬取这个网站的代码如下：

```
import requests
import dataset
from bs4 import BeautifulSoup
from urllib.parse import urljoin, urlparse

db = dataset.connect('sqlite:///quotes.db')

authors_seen = set()
base_url = 'http://quotes.toscrape.com/'

def clean_url(url):
    # Clean '/author/Steve-Martin' to 'Steve-Martin'
    # Use urljoin to make an absolute URL
    url = urljoin(base_url, url)
    # Use urlparse to get out the path part
    path = urlparse(url).path
    # Now split the path by '/' and get the second part
    # E.g. '/author/Steve-Martin' -> ['', 'author', 'Steve-Martin']
    return path.split('/')[2]

def scrape_quotes(html_soup):
    for quote in html_soup.select('div.quote'):
        quote_text = quote.find(class_='text').get_text(strip=True)
        quote_author_url = clean_url(quote.find(class_='author') \
                                     .find_next_sibling('a').get('href'))
        quote_tag_urls = [clean_url(a.get('href'))
                          for a in quote.find_all('a', class_='tag')]
        authors_seen.add(quote_author_url)
        # Store this quote and its tags
```

```
        quote_id = db['quotes'].insert({ 'text' : quote_text,
                                         'author' : quote_author_url })
        db['quote_tags'].insert_many(
                   [{'quote_id' : quote_id, 'tag_id' : tag} for tag in
                   quote_tag_urls])

def scrape_author(html_soup, author_id):
    author_name = html_soup.find(class_='author-title').get_text(strip=True)
    author_born_date = html_soup.find(class_='author-born-date').get_text
    (strip=True)
    author_born_loc = html_soup.find(class_='author-born-location').
    get_text(strip=True)
    author_desc = html_soup.find(class_='author-description').get_text
    (strip=True)
    db['authors'].insert({ 'author_id' : author_id,
                           'name' : author_name,
                           'born_date' : author_born_date,
                           'born_location' : author_born_loc,
                           'description' : author_desc})

# Start by scraping all the quote pages
url = base_url
while True:
    print('Now scraping page:', url)
    r = requests.get(url)
    html_soup = BeautifulSoup(r.text, 'html.parser')
    # Scrape the quotes
    scrape_quotes(html_soup)
    # Is there a next page?
    next_a = html_soup.select('li.next > a')
    if not next_a or not next_a[0].get('href'):
        break
    url = urljoin(url, next_a[0].get('href'))

# Now fetch out the author information
for author_id in authors_seen:
    url = urljoin(base_url, '/author/' + author_id)
    print('Now scraping author:', url)
    r = requests.get(url)
    html_soup = BeautifulSoup(r.text, 'html.parser')
    # Scrape the author information
    scrape_author(html_soup, author_id)
```

这将输出以下内容：

```
Now scraping page: http://quotes.toscrape.com/
Now scraping page: http://quotes.toscrape.com/page/2/
```

```
Now scraping page: http://quotes.toscrape.com/page/3/
Now scraping page: http://quotes.toscrape.com/page/4/
Now scraping page: http://quotes.toscrape.com/page/5/
Now scraping page: http://quotes.toscrape.com/page/6/
Now scraping page: http://quotes.toscrape.com/page/7/
Now scraping page: http://quotes.toscrape.com/page/8/
Now scraping page: http://quotes.toscrape.com/page/9/
Now scraping page: http://quotes.toscrape.com/page/10/
Now scraping author: http://quotes.toscrape.com/author/Ayn-Rand
Now scraping author: http://quotes.toscrape.com/author/E-E-Cummings
[...]
```

请注意，仍有许多方法能使此代码更加健壮。比如，在爬取引用或作者页面时，我们没有检查None结果。另外，我们在这里使用“dataset”简单地在三个表中插入行。在这种情况下，dataset将自动递增主键“id”。如果要再次运行此脚本，则必须先清理数据库再重新开始，或者修改脚本以允许恢复其工作或正确更新结果。在后面的实例中，我们将使用dataset的`upsert`方法来执行此操作。

脚本完成后，你可以使用SQLite客户端（例如“DB Browser for SQLite”）查看数据库（“quotes.db”），该客户端可以从http://sqlitebrowser.org/中获得。图9-1显示了该工具的运行情况。

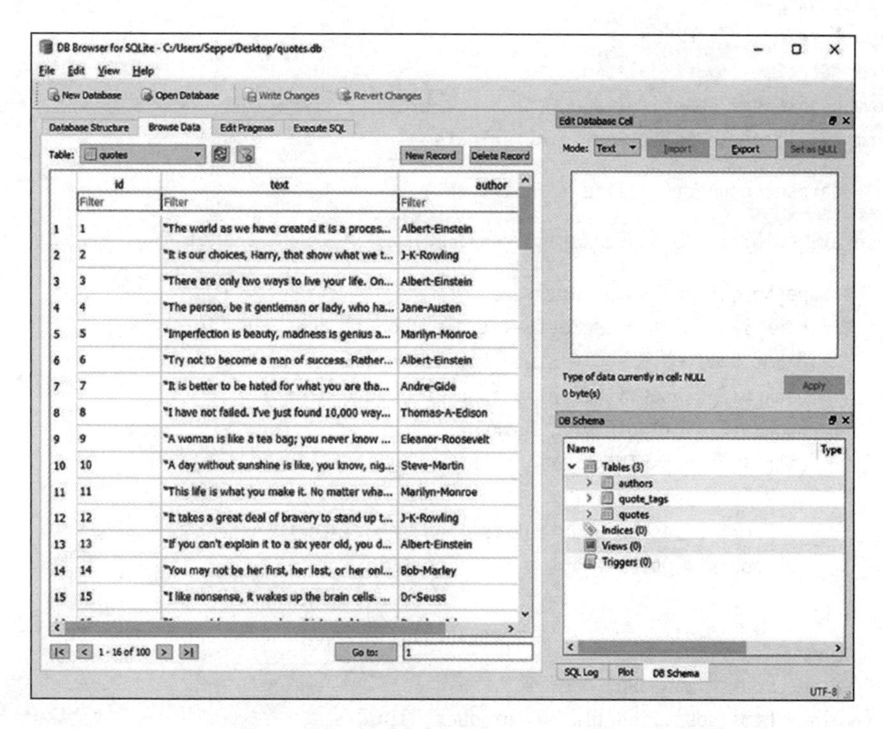

图9-1　使用“DB Browser for SQLite”探索SQLite数据库

9.4　爬取书籍信息

我们将使用 requests 和 Beautiful Soup 爬取 http://books.toscrape.com 网站信息。这个页面由 Scrapinghub 提供，是一个更实用的爬取平台，读者可花一些时间来熟悉该页面。我们将爬取本网页所有信息，即对于每本书，我们都将获得：

- 标题；
- 封面；
- 价格和库存情况；
- 评级；
- 产品说明；
- 其他产品信息。

我们将再次使用 dataset 库将此信息存储在 SQLite 数据库中。但是，这次我们将考虑使用更新的方式编写程序，这样就可以在多次运行程序的情况下不会在数据库中插入重复记录。

爬取此网站的代码如下：

```
import requests
import dataset
import re
from datetime import datetime
from bs4 import BeautifulSoup
from urllib.parse import urljoin, urlparse

db = dataset.connect('sqlite:///books.db')

base_url = 'http://books.toscrape.com/'

def scrape_books(html_soup, url):
    for book in html_soup.select('article.product_pod'):
        # For now, we'll only store the books url
        book_url = book.find('h3').find('a').get('href')
        book_url = urljoin(url, book_url)
        path = urlparse(book_url).path
        book_id = path.split('/')[2]
        # Upsert tries to update first and then insert instead
        db['books'].upsert({'book_id' : book_id,
                            'last_seen' : datetime.now()
                            }, ['book_id'])

def scrape_book(html_soup, book_id):
    main = html_soup.find(class_='product_main')
    book = {}
```

```
    book['book_id'] = book_id
    book['title'] = main.find('h1').get_text(strip=True)
    book['price'] = main.find(class_='price_color').get_text(strip=True)
    book['stock'] = main.find(class_='availability').get_text(strip=True)
    book['rating'] = ' '.join(main.find(class_='star-rating') \
                    .get('class')).replace('star-rating', '').strip()
    book['img'] = html_soup.find(class_='thumbnail').find('img').get('src')
    desc = html_soup.find(id='product_description')
    book['description'] = ''
    if desc:
        book['description'] = desc.find_next_sibling('p') \
                              .get_text(strip=True)
    info_table = html_soup.find(string='Product Information').find_
    next('table')
    for row in info_table.find_all('tr'):
        header = row.find('th').get_text(strip=True)
        # Since we'll use the header as a column, clean it a bit
        # to make sure SQLite will accept it
        header = re.sub('[^a-zA-Z]+', '_', header)
        value = row.find('td').get_text(strip=True)
        book[header] = value
    db['book_info'].upsert(book, ['book_id'])

# Scrape the pages in the catalogue
url = base_url
inp = input('Do you wish to re-scrape the catalogue (y/n)? ')
while True and inp == 'y':
    print('Now scraping page:', url)
    r = requests.get(url)
    html_soup = BeautifulSoup(r.text, 'html.parser')
    scrape_books(html_soup, url)
    # Is there a next page?
    next_a = html_soup.select('li.next > a')
    if not next_a or not next_a[0].get('href'):
        break
    url = urljoin(url, next_a[0].get('href'))

# Now scrape book by book, oldest first
books = db['books'].find(order_by=['last_seen'])
for book in books:
    book_id = book['book_id']
    book_url = base_url + 'catalogue/{}'.format(book_id)
    print('Now scraping book:', book_url)
    r = requests.get(book_url)
    r.encoding = 'utf-8'
    html_soup = BeautifulSoup(r.text, 'html.parser')
    scrape_book(html_soup, book_id)
```

```
    # Update the last seen timestamp
    db['books'].upsert({'book_id' : book_id,
                        'last_seen' : datetime.now()
                        }, ['book_id'])
```

一旦脚本完成，你就可以使用数据库平台（例如“DB Browser for SQLite”）查看其中数据库（books.db）的内容。请注意在此实例中使用了 dataset 的 `upsert` 方法。如果记录已存在（通过将现有记录与给定字段名称列表匹配），此方法将尝试更新记录，否则将插入新记录。

9.5　爬取 GitHub 上项目被收藏的次数

我们将使用 requests 和 Beautiful Soup 爬取 https://github.com 网站。目标是给定 GitHub 用户名，例如 https//github.com/google，可以得到一个用户创建的项目列表，以及用户在 GitHub 上使用的编程语言、项目被收藏的次数（stars）。

这种爬取程序的基本结构非常简单：

```
import requests
from bs4 import BeautifulSoup
import re

session = requests.Session()

url = 'https://github.com/{}'
username = 'google'

r = session.get(url.format(username), params={'page': 1, 'tab':
'repositories'})
html_soup = BeautifulSoup(r.text, 'html.parser')
repos = html_soup.find(class_='repo-list').find_all('li')
for repo in repos:
    name = repo.find('h3').find('a').get_text(strip=True)
    language = repo.find(attrs={'itemprop': 'programmingLanguage'})
    language = language.get_text(strip=True) if language else 'unknown'
    stars = repo.find('a', attrs={'href': re.compile('\/stargazers')})
    stars = int(stars.get_text(strip=True).replace(',', '')) if stars else 0
    print(name, language, stars)
```

运行程序将输出：

```
sagetv Java 192
ggrc-core Python 233
gapid Go 445
```

```
certificate-transparency-rfcs Python 55
mtail Go 936
[...]
```

但是，如果我们试图爬取普通用户的页面，这将失败。Google 的 GitHub 账户是一个企业账户，与普通用户账户的显示略有不同。你可以通过将“username”变量设置为“Macuyiko”（本书的作者之一）来尝试此操作。所以需要调整代码来处理这两种情况：

```python
import requests
from bs4 import BeautifulSoup
import re

session = requests.Session()

url = 'https://github.com/{}'
username = 'Macuyiko'

r = session.get(url.format(username), params={'page': 1, 'tab':
'repositories'})
html_soup = BeautifulSoup(r.text, 'html.parser')

is_normal_user = False
repos_element = html_soup.find(class_='repo-list')
if not repos_element:
    is_normal_user = True
    repos_element = html_soup.find(id='user-repositories-list')

repos = repos_element.find_all('li')
for repo in repos:
    name = repo.find('h3').find('a').get_text(strip=True)
    language = repo.find(attrs={'itemprop': 'programmingLanguage'})
    language = language.get_text(strip=True) if language else 'unknown'
    stars = repo.find('a', attrs={'href': re.compile('\/stargazers')})
    stars = int(stars.get_text(strip=True).replace(',', '')) if stars else 0
    print(name, language, stars)
```

运行程序将输出：

```
macuyiko.github.io HTML 0
blog JavaScript 1
minecraft-python JavaScript 14
[...]
```

作为一个额外练习，读者可在存储库页面被分页的情况下（就像 Google 的账户那样）爬取所有页面信息。

你会注意到最后一个附加组件，用户页面如 https://github.com/Macuyiko?tab = repositories 还附带一个简短的简历，在某些情况下包括电子邮件地址。然而，这个电子邮件地址只有在我们登录到 GitHub 后才可见。在接下来的内容中，我们也将尝试获取这些信息。

> 警告　这种寻找 Github 高收藏数的资料并提取联系人信息的做法经常被招聘公司所采用。请注意，这也就是说我们在登录到 Github 时，正在跨越公共信息和私有信息之间的边界。这是一个演示如何在 Python 中实现的实践练习。考虑到法律方面的因素，建议你只爬取你自己的个人资料信息，并且在知道你要做什么之前不要大规模建立这种爬取程序。有关爬取合法性的详细信息，请参阅有关法律问题的章节。

如果你还没有这样做，则需要创建一个 GitHub 配置文件。首先从登录页面输出登录表单：

```
import requests
from bs4 import BeautifulSoup

session = requests.Session()

url = 'https://github.com/{}'
username = 'Macuyiko'

# Visit the login page
r = session.get(url.format('login'))
html_soup = BeautifulSoup(r.text, 'html.parser')

form = html_soup.find(id='login')
print(form)
```

运行程序将输出：

```
<div class="auth-form px-3" id="login"> <!-- '"` -->
<!-- </textarea></xmp> --></div>
```

这结果并不是我们所期望的。如果看一下页面源代码，我们会发现页面的格式有些奇怪：

```
<div class="auth-form px-3" id="login">

    <!-- '"` --><!-- </textarea></xmp> --></option></form>

    <form accept-charset="UTF-8" action="/session" method="post">
    <div style="margin:0;padding:0;display:inline">
```

```
    <input name="utf8" type="hidden" value="&#x2713;" />
    <input name="authenticity_token" type="hidden" value="AtuMda[...]zw==" />
    </div>

    <div class="auth-form-header p-0">
        <h1>Sign in to GitHub</h1>
    </div>

    <div id="js-flash-container">
</div>
[...]

</form>
```

以下修改确保我们能够获取页面的表单：

```python
import requests
from bs4 import BeautifulSoup

session = requests.Session()

url = 'https://github.com/{}'
username = 'Macuyiko'

# Visit the login page
r = session.get(url.format('login'))
html_soup = BeautifulSoup(r.text, 'html.parser')
data = {}
for form in html_soup.find_all('form'):
    # Get out the hidden form fields
    for inp in form.select('input[type=hidden]'):
        data[inp.get('name')] = inp.get('value')

# SET YOUR LOGIN DETAILS:
data.update({'login': '', 'password': ''})

print('Going to login with the following POST data:')
print(data)

if input('Do you want to login (y/n): ') == 'y':
    # Perform the login
    r = session.post(url.format('session'), data=data)
    # Get the profile page
    r = session.get(url.format(username))
    html_soup = BeautifulSoup(r.text, 'html.parser')
    user_info = html_soup.find(class_='vcard-details')
    print(user_info.text)
```

即使是浏览器也有缺陷 如果你一直在使用 Chrome，你可能会想，为什么在使用 Chrome 的 Developer Tools 进行登录过程时看不到表单数据。原因是 Chrome

包含了一个缺陷，当 POST 的状态代码与重定向相对应时，将阻止表单数据出现在 Developer Tools 中。但是，POST 数据仍在发送，你只是不会在“Developer Tools”选项卡中看到。当你阅读到这篇文章时，这个缺陷可能已经被修复了，但这只是表明缺陷也会在浏览器中出现。

运行上述代码将输出：

```
Going to login with the following POST data:
{'utf8': 'V',
 'authenticity_token': 'zgndmzes [...]',
 'login': 'YOUR_USER_NAME',
 'password': 'YOUR_PASSWORD'}
Do you want to login (y/n): y

KU Leuven

Belgium

macuyiko@gmail.com

http://blog.macuyiko.com
```

纯文本密码　不用说，在 Python 文件（以及其他程序）中以纯文本对密码进行硬编码对于真实的脚本是不可取的。在实际的部署设置中，你的代码可能与其他代码共享，修改你的脚本，以便它能从安全的数据存储中检索存储的凭证（例如从操作系统环境变量、文件或数据库中检索，最好是加密的）。读者可以看一下 pip 中可用的“secureconfig”库，了解如何做到这一点。

9.6　爬取抵押贷款利率

我们将通过 https://www.barclays.co.uk/mortgages/mortgage-calculator/ 来爬取 Barclays 的抵押贷款模拟器。我们之所以选择这个金融服务提供商，除了它应用一些有趣的技术能作为一个很好的例子之外，并没有什么特别的理由。

花点时间浏览一下这个网站，比如点击“What would it cost?”，将被要求填写一些参数，然后就可以了解我们想要爬取的可能产品的概览。

如果按照浏览器的 Developer Tools 进行操作，你会注意到正在向 https://www.barclays.co.uk/dss/service/co.uk/mortgages/costcalculator/productservice 发出 POST 请求，有趣的是：执行 POST 的页面上的 JavaScript 使用“Content-Type”头的

“application/json”值，并包括纯 JSON 的 POST 数据，见图 9-2。在这种情况下，取决于 requests 的 `data` 参数将无法工作，因为它将对 POST 数据进行编码。相反，我们需要使用 `json` 参数，它将指示 requests 将 POST 数据格式化为 JSON。

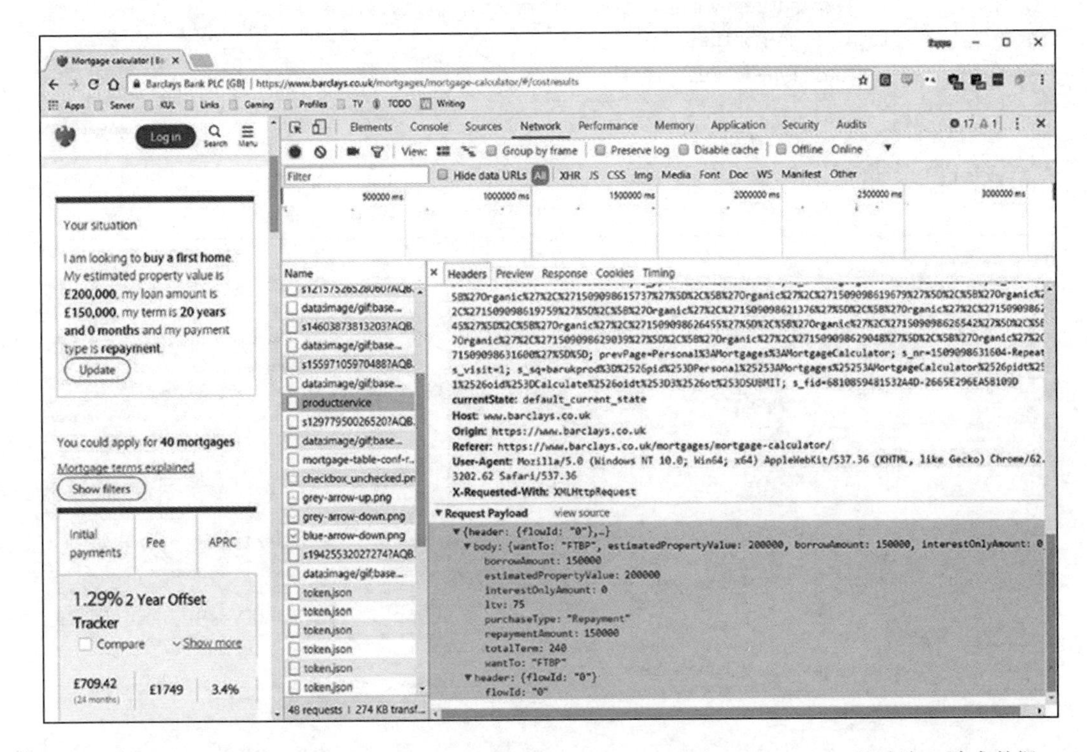

图 9-2　Barclays 抵押贷款模拟器使用 JavaScript 提交 POST 请求，并以 JSON 格式嵌入请求数据

此外，你会注意到结果页面被格式化为一个相对复杂的表格（每个条目都有“Show more”链接），尽管 POST 请求返回的响应看起来像一个格式良好的 JSON 对象，请参见图 9-3，因此我们可能不需要 Beautiful Soup 来访问此“内部 API”。

查看一下在 Python 中实现这个会得到什么样的响应：

```
import requests

url = 'https://www.barclays.co.uk/dss/service/co.uk/mortgages/' + \
      'costcalculator/productservice'

session = requests.Session()

estimatedPropertyValue = 200000
repaymentAmount = 150000
months = 240
data = {"header": {"flowId":"0"},
        "body":
        {"wantTo":"FTBP",
```

```
            "estimatedPropertyValue":estimatedPropertyValue,
            "borrowAmount":repaymentAmount,
            "interestOnlyAmount":0,
            "repaymentAmount":repaymentAmount,
            "ltv":round(repaymentAmount/estimatedPropertyValue*100),
            "totalTerm":months,
            "purchaseType":"Repayment"}}

r = session.post(url, json=data)

print(r.json())
```

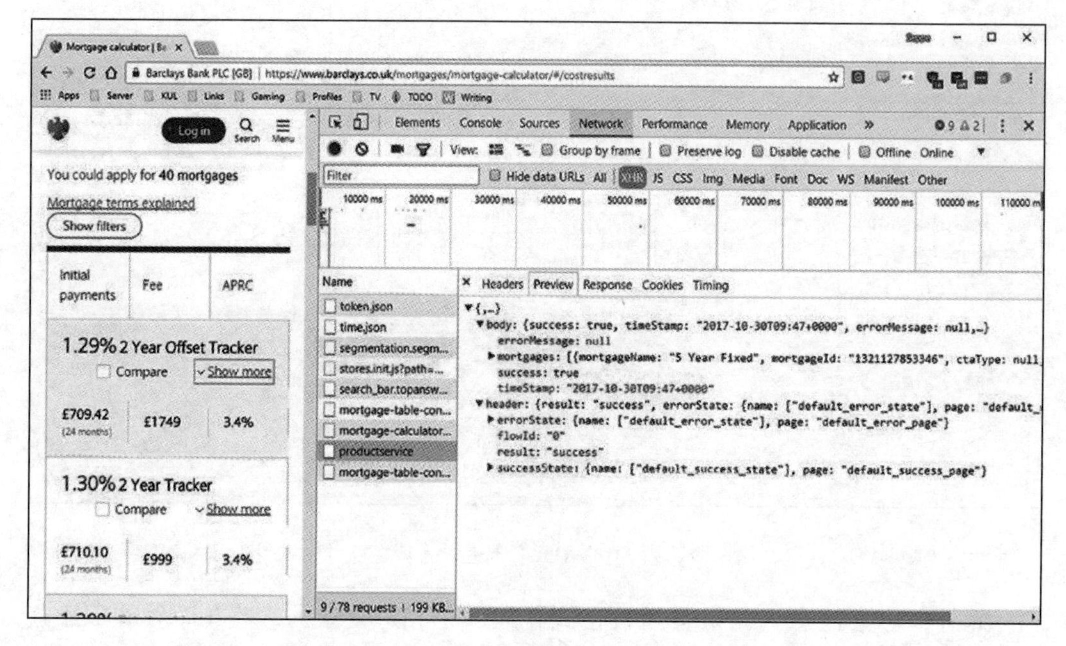

图 9-3　POST 响应数据也是以良好的 JSON 格式返回

运行此程序将输出：

```
{'header':
{'result': 'error', 'systemError':
  {'errorCode': 'DSS_SEF001', 'type': 'E',
   'severity': 'FRAMEWORK',
   'errorMessage': 'State details not found in database',
   'validationErrors': [],
   'contentType': 'application/json', 'channel': '6'}
}}
```

看起来不是我们期望的结果。但请记住，当我们得不到期望的结果时，有很多事情可以做：

- 检查是否忘记包含一些 Cookie。例如，我们可能需要首先访问入口页面，或者可能有 JavaScript 设置的 Cookie。如果在浏览器中检查请求，你会注意到存在大量这样的 Cookie。
- 检查是否忘记包含一些头，或者是否需要对一些头进行包装。
- 如果所有其他方法都失败了，请使用 Selenium 来实现完整的浏览器。

在请求中包含很多 Cookie 的这种情况下，其中一些是通过普通的“Set-Cookie”头设置的，但也有许多是通过页面中包含的大量 JavaScript 文件集合设置的。这些肯定很难弄清楚，因为 JavaScript 是容易混淆的。然而，在 POST 请求中，JavaScript 设置了一些有趣的头，并将其包括在其中，这些头似乎与错误消息相关联。现在让我们尝试包括这些包装的“User-Agent”和“Referer”头：

```
import requests

url = 'https://www.barclays.co.uk/dss/service/co.uk/mortgages/' + \
      'costcalculator/productservice'

session = requests.Session()

session.headers.update({
    # These are non-typical headers, let's include them
    'currentState': 'default_current_state',
    'action': 'default',
    'Origin': 'https://www.barclays.co.uk',
    # Spoof referer, user agent, and X-Requested-With
    'Referer': 'https://www.barclays.co.uk/mortgages/mortgage-calculator/',
    'User-Agent': 'Mozilla/5.0 (Windows NT 10.0; Win64; x64)
    AppleWebKit/537.36 ' + ' (KHTML, like Gecko) Chrome/62.0.3202.62
    Safari/537.36',
    'X-Requested-With': 'XMLHttpRequest',
    })
estimatedPropertyValue = 200000
repaymentAmount = 150000
months = 240
data = {"header": {"flowId":"0"},
        "body":
        {"wantTo":"FTBP",
         "estimatedPropertyValue":estimatedPropertyValue,
         "borrowAmount":repaymentAmount,
         "interestOnlyAmount":0,
         "repaymentAmount":repaymentAmount,
         "ltv":round(repaymentAmount/estimatedPropertyValue*100),
         "totalTerm":months,
         "purchaseType":"Repayment"}}
```

```
r = session.post(url, json=data)
# Only print the header to avoid text overload
print(r.json()['header'])
```

这似乎可以正常工作了！在这种情况下，实际上我们根本不需要包含任何Cookie。现在就可以整理这段代码：

```
import requests

def get_mortgages(estimatedPropertyValue, repaymentAmount, months):
    url = 'https://www.barclays.co.uk/dss/service/' + \
          'co.uk/mortgages/costcalculator/productservice'
    headers = {
        # These are non-typical headers, let's include them
        'currentState': 'default_current_state',
        'action': 'default',
        'Origin': 'https://www.barclays.co.uk',
        # Spoof referer, user agent, and X-Requested-With
        'Referer': 'https://www.barclays.co.uk/mortgages/mortgage-
        calculator/',
        'User-Agent': 'Mozilla/5.0 (Windows NT 10.0; Win64; x64)
        AppleWebKit/537.36 ' + ' (KHTML, like Gecko) Chrome/62.0.3202.62
        Safari/537.36',
        'X-Requested-With': 'XMLHttpRequest',
        }
    data = {"header": {"flowId":"0"},
            "body":
            {"wantTo":"FTBP",
             "estimatedPropertyValue":estimatedPropertyValue,
             "borrowAmount":repaymentAmount,
             "interestOnlyAmount":0,
             "repaymentAmount":repaymentAmount,
             "ltv":round(repaymentAmount/estimatedPropertyValue*100),
             "totalTerm":months,
             "purchaseType":"Repayment"}}
    r = requests.post(url, json=data, headers=headers)
    results = r.json()
    return results['body']['mortgages']
mortgages = get_mortgages(200000, 150000, 240)

# Print the first mortgage info
print(mortgages[0])
```

运行此程序将输出：

```
{'mortgageName': '5 Year Fixed', 'mortgageId': '1321127853346',
 'ctaType': None, 'uniqueId': '590b357e295b0377d0fb607b',
```

```
  'mortgageType': 'FIXED',
  'howMuchCanBeBorrowedNote': '95% (max) of the value of your home',
  'initialRate': 4.99, 'initialRateTitle': '4.99%',
  'initialRateNote': 'until 31st January 2023',
 [...]
```

9.7　爬取和可视化 IMDB 评级

接下来的一系列示例将继续介绍更多面向数据科学的用例。我们将使用 IMDB（互联网影片数据库），从爬取一个电视连续剧的影评列表开始。以《Game of Thrones》为例，其剧集列表可在 http://www.imdb.com/title/tt0944947/episodes 中找到。请注意，IMDB 的评论概述分布在多个页面上（每集或每期），因此我们需要使用额外的循环来遍历我们想要检索的剧集：

```
import requests
from bs4 import BeautifulSoup

url = 'http://www.imdb.com/title/tt0944947/episodes'

episodes = []
ratings = []
# Go over seasons 1 to 7
for season in range(1, 8):
    r = requests.get(url, params={'season': season})
    soup = BeautifulSoup(r.text, 'html.parser')
    listing = soup.find('div', class_='eplist')
    for epnr, div in enumerate(listing.find_all('div', recursive=False)):
        episode = "{}.{}".format(season, epnr + 1)
        rating_el = div.find(class_='ipl-rating-star__rating')
        rating = float(rating_el.get_text(strip=True))
        print('Episode:', episode, '-- rating:', rating)
        episodes.append(episode)
        ratings.append(rating)
```

然后我们可以使用“matplotlib”绘制爬取的评级，这是一个著名的 Python 绘图库，可以使用 pip 安装：

```
pip install -U matplotlib
```

用 Python 绘图　当然，你也可以使用例如 Excel 重现下面的图表，但这个例子是一个简单的介绍，后面的一些示例将继续使用 matplotlib 来处理。请注意，这肯定不是 Python 中唯一的，甚至是最用户友好的绘图库，但它仍然是最流行的库之一。可以查看 Seaborn(https://seaborn.pydata.org/)、Altair(https://altair-viz.github.io/) 和 ggplot(http://ggplot.yhathq.com/) 等其他一些优秀的库。

在我们的脚本中添加以下行，将结果绘制成一个简单的条形图，如图 9-4 所示。

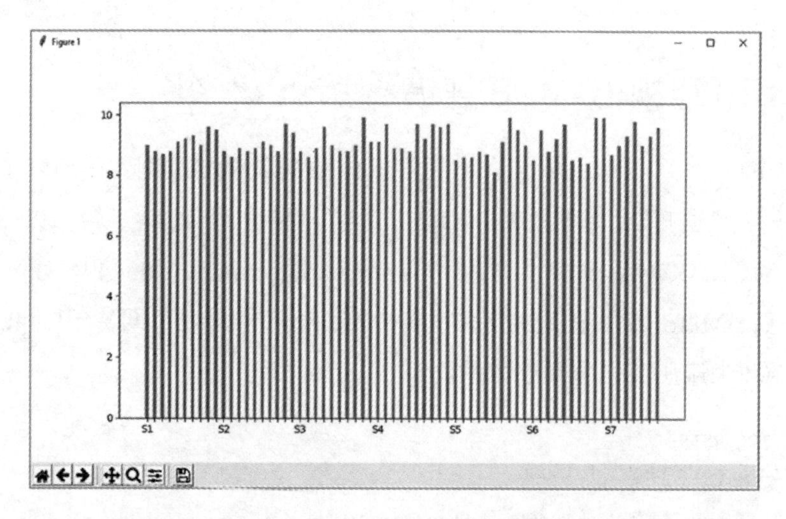

图 9-4　使用“matplotlib”绘制 IMDB 每集评级

```
import matplotlib.pyplot as plt

episodes = ['S' + e.split('.')[0] if int(e.split('.')[1]) == 1 else '' \
                                  for e in episodes]

plt.figure()
positions = [a*2 for a in range(len(ratings))]
plt.bar(positions, ratings, align='center')
plt.xticks(positions, episodes)
plt.show()
```

9.8　爬取 IATA 航空公司信息

我们将使用 http//www.iata.org/publications/Pages/code-search.aspx 上搜索的表单来获取航空公司信息。这是一个有趣的案例，可以说明某些网站的“混乱”，尽管我们使用的表单看起来非常简单（页面上只有一个下拉框和一个文本字段）。正如 URL 已经显示的，驱动此页面的网络服务器是基于 ASP.NET（“.aspx”）构建的，它对如何处理表单数据有着非常独特的做法。

尝试使用浏览器提交此表单并使用其 Developer Tools 查看会发生什么。正如你在图 9-5 中所看到的，POST 请求中似乎包含了许多表单数据，远远超过了我们的两个字段。

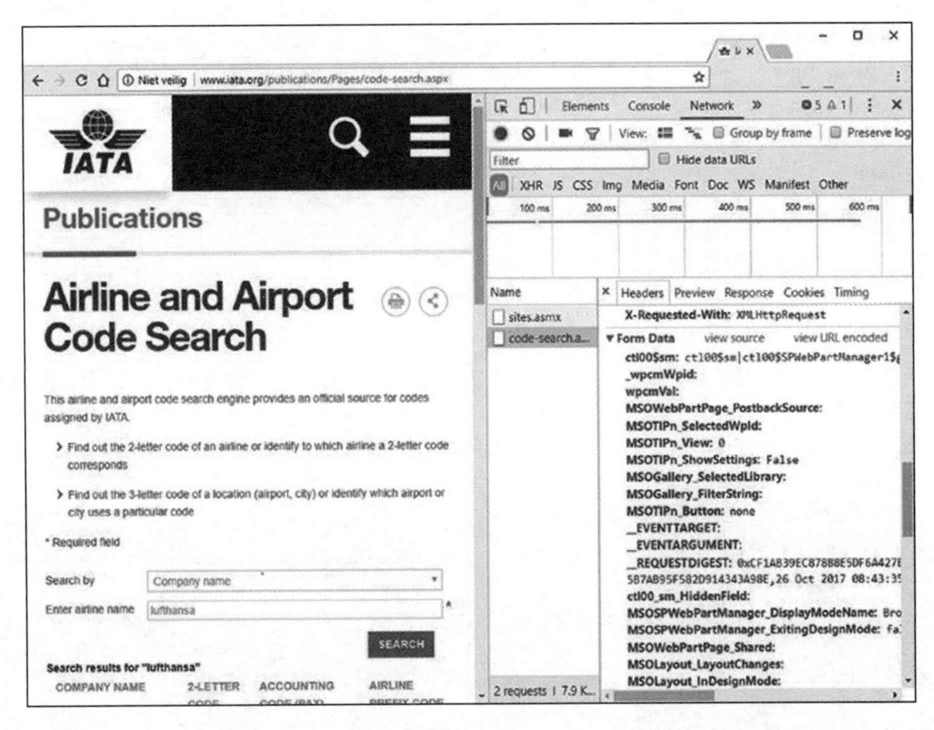

图 9-5　提交 IATA 表单包含大量表单数据

当然，在 Python 脚本中手动包含所有这些字段看起来并不可行。例如，“__VIEWSTATE”字段保存针对每个请求而改变的会话信息。甚至有些字段的名称似乎也包含了一些我们不能确定它们将来会不会改变的部分，从而导致我们的脚本中断。此外，似乎我们也需要跟踪 Cookie。最后，看一下 POST 请求返回的响应内容。这看起来像是部分响应（将由 JavaScript 解析和显示），而不是完整的 HTML 页面：

```
1|#||4|1330|updatePanel|ctl00_SPWebPartManager1_g_e3b09024_878e
[...]
MSOSPWebPartManager_StartWebPartEditingName|false|5|hiddenField|
MSOSPWebPartManager_EndWebPartEditing|false|
```

为了解决这些问题，我们将尽可能使代码健壮。首先，我们将使用 requests 的会话机制对搜索页面执行 GET 请求。接下来，将使用 Beautiful Soup 来获取所有具有名称和值的表单元素：

```
import requests
from bs4 import BeautifulSoup

url = 'http://www.iata.org/publications/Pages/code-search.aspx'

session = requests.Session()
# Spoof the user agent as a precaution
```

```
session.headers.update({
    'User-Agent' : 'Mozilla/5.0 (Windows NT 10.0; Win64; x64)
    AppleWebKit/537.36 ' + ' (KHTML, like Gecko) Chrome/62.0.3202.62
    Safari/537.36'
    })

# Get the search page
r = session.get(url)
html_soup = BeautifulSoup(r.text, 'html.parser')
form = html_soup.find(id='aspnetForm')

# Get the form fields
data = {}
for inp in form.find_all(['input', 'select']):
    name = inp.get('name')
    value = inp.get('value')
    if not name:
        continue
    data[name] = value if value else ''

print(data, end='\n\n\n')
```

输出结果如下：

```
{'_wpcmWpid': '',
 'wpcmVal': '',
 'MSOWebPartPage_PostbackSource': '',
 'MSOTlPn_SelectedWpId': '',
 'MSOTlPn_View': '0',
 'MSOTlPn_ShowSettings': 'False',
 'MSOGallery_SelectedLibrary': '',
 'MSOGallery_FilterString': '',
 'MSOTlPn_Button': 'none',
 '__EVENTTARGET': '',
 '__EVENTARGUMENT': '',
[...]
```

接下来，我们将使用收集的表单数据来执行 POST 请求。但是，我们必须确保下拉列表和文本框设置了正确的值。我们在脚本中添加以下行：

```
# Set our desired search query
for name in data.keys():
    # Search by
    if 'ddlImLookingFor' in name:
        data[name] = 'ByAirlineName'
    # Airline name
    if 'txtSearchCriteria' in name:
```

```
        data[name] = 'Lufthansa'
# Perform a POST
r = session.post(url, data=data)
print(r.text)
```

奇怪的是，这与浏览器中发生的情况相反，POST 请求确实返回完整的 HTML 页面，而不是部分结果。这还不算太糟糕，因为我们现在可以使用 Beautiful Soup 来获取结果表。

我们不需要手动解析这个表，而是使用一个流行的数据科学库来处理表格数据，该库为 “pandas”，其内置了一个有用的 “HTML table to data frame” 方法。使用 pip 可以安装该库：

```
pip install -U pandas
```

要解析 HTML，pandas 默认依赖于 “lxml”，如果找不到 “lxml”，就会返回使用 Beautiful Soup 的 “html5lib”。为确保 “lxml” 可用，请使用以下命令安装：

```
pip install -U lxml
```

现在可以将完整脚本整理为如下代码：

```
import requests
from bs4 import BeautifulSoup
import pandas

url = 'http://www.iata.org/publications/Pages/code-search.aspx'

def get_results(airline_name):
    session = requests.Session()
    # Spoof the user agent as a precaution
    session.headers.update({
        'User-Agent' : 'Mozilla/5.0 (Windows NT 10.0; Win64; x64)
        AppleWebKit/537.36 ' + ' (KHTML, like Gecko) Chrome/62.0.3202.62
        Safari/537.36'
        })
    r = session.get(url)
    html_soup = BeautifulSoup(r.text, 'html.parser')
    form = html_soup.find(id='aspnetForm')
    data = {}
    for inp in form.find_all(['input', 'select']):
        name = inp.get('name')
        value = inp.get('value')
        if not name:
            continue
        if 'ddlImLookingFor' in name:
```

```
            value = 'ByAirlineName'
        if 'txtSearchCriteria' in name:
            value = airline_name
        data[name] = value if value else ''

    r = session.post(url, data=data)
    html_soup = BeautifulSoup(r.text, 'html.parser')
    table = html_soup.find('table', class_='datatable')
    df = pandas.read_html(str(table))
    return df

df = get_results('Lufthansa')
print(df)
```

运行此程序将输出：

```
[                                  0   1      2      3
0          Deutsche Lufthansa AG  LH  220.0  220.0
1             Lufthansa Cargo AG  LH    NaN   20.0
2        Lufthansa CityLine GmbH  CL  683.0  683.0
3 Lufthansa Systems GmbH & Co. KG  S1    NaN    NaN]
```

等效的 Selenium 代码如下：

```
import pandas
from selenium import webdriver
from selenium.webdriver.support.ui import Select

url = 'http://www.iata.org/publications/Pages/code-search.aspx'

driver = webdriver.Chrome()
driver.implicitly_wait(10)

def get_results(airline_name):
    driver.get(url)
    # Make sure to select the right part of the form
    # This will make finding the elements easier
    # as #aspnetForm wraps the whole page, including
    # the search box
    form_div = driver.find_element_by_css_selector('#aspnetForm
    .iataStandardForm')
    select = Select(form_div.find_element_by_css_selector('select'))
    select.select_by_value('ByAirlineName')
    text = form_div.find_element_by_css_selector('input[type=text]')
    text.send_keys(airline_name)
    submit = form_div.find_element_by_css_selector('input[type=submit]')
    submit.click()
    table = driver.find_element_by_css_selector('table.datatable')
    table_html = table.get_attribute('outerHTML')
```

```
    df = pandas.read_html(str(table_html))
    return df
df = get_results('Lufthansa')
print(df)

driver.quit()
```

我们还有一个难以解决的问题：请记住，requests 发出的 POST 请求会返回一个完整的 HTML 页面，而不是我们在浏览器中观察到的部分结果。服务器如何找出、如何区分两种类型的结果？答案在于提交搜索表单的方式。在 requests 中，我们使用最少量的头执行简单的 POST 请求。但是，在实际页面上，表单提交是由 JavaScript 处理，它将执行实际的 POST 请求，并解析部分结果以显示它们。为了向服务器表明发出请求的是 JavaScript，请求中包含了两个头，我们还可以在 requests 中对其进行包装。如果我们按如下方式修改代码，你也会得到相同的部分结果：

```
# Include headers to indicate that we want a partial result
session.headers.update({
    'X-MicrosoftAjax'  : 'Delta=true',
    'X-Requested-With' : 'XMLHttpRequest',
    'User-Agent' : 'Mozilla/5.0 (Windows NT 10.0; Win64; x64)
    AppleWebKit/537.36 ' + ' (KHTML, like Gecko) Chrome/62.0.3202.62
    Safari/537.36'
    })
```

9.9 爬取和分析网络论坛的互动

在本例中，我们将爬取 http://bpbasecamp.freeforums.net/board/27/gear-closet（一个背包客和徒步旅行者的论坛）网站信息，以了解谁是最活跃的用户、谁经常与谁互动。我们将对如下的互动进行计数：

- 第一个帖子并非“回复”任何人，因此我们不会将此视为互动。
- 原始帖子中的下一个帖子可以选择包含一个或多个引用，表示发帖人直接回复给另一个用户，我们将其视为互动。
- 如果一个帖子中没有包含任何引用，我们将假设该帖子是对原始帖子的回复。不过也未必会是这种情况，用户经常会使用诸如“^^”之类的小文本来表示他们正在回复前一个发帖人，但是在这个示例中，我们要保持它的简单性（不过，你可以根据自己对“互动”的定义随意修改脚本）。

现在开始我们的爬虫程序。首先，我们将在给定论坛 URL 的情况下提取帖子列表：

```
import requests
import re
from bs4 import BeautifulSoup

def get_forum_threads(url, max_pages=None):
    page = 1
    threads = []
    while not max_pages or page <= max_pages:
        print('Scraping forum page:', page)
        r = requests.get(url, params={'page': page})
        soup = BeautifulSoup(r.text, 'html.parser')
        content = soup.find(class_='content')
        links = content.find_all('a', attrs={'href': re.compile
        ('^\/thread\/')})
        threads_on_page = [a.get('href') for a in links \
                if a.get('href') and not 'page=' in a.get('href')]
        threads += threads_on_page
        page += 1
        next_page = soup.find('li', class_='next')
        if 'state-disabled' in next_page.get('class'):
            break
        return threads

url = 'http://bpbasecamp.freeforums.net/board/27/gear-closet'

threads = get_forum_threads(url, max_pages=5)
print(threads)
```

注意，在分页方面，我们必须要聪明一点。该论坛将一直返回最后一个页面，甚至在提供高于最大页码的 URL 参数时也是如此，这样我们就可以检查具有“next”类的项目是否也具有“state-disabled”类，以确定我们是否到达了帖子列表的末尾。因为我们只需要与第一个页面相对应的帖子链接，所以我们删除了 URL 中包含“page=”的所有链接。在这个示例中，我们还决定将自己仅限制在 5 页以内。这将输出：

```
Scraping forum page: 1
Scraping forum page: 2
Scraping forum page: 3
Scraping forum page: 4
Scraping forum page: 5
['/thread/2131/before-asking-which-pack-boot', [...] ]
```

对于每个帖子，我们现在都希望得到一个发帖列表。我们可以先用一个帖子来测试：

```
import requests
import re
from urllib.parse import urljoin
```

```
from bs4 import BeautifulSoup

def get_thread_posts(url, max_pages=None):
    page = 1
    posts = []
    while not max_pages or page <= max_pages:
        print('Scraping thread url/page:', url, page)
        r = requests.get(url, params={'page': page})
        soup = BeautifulSoup(r.text, 'html.parser')
        content = soup.find(class_='content')
        for post in content.find_all('tr', class_='item'):
            user = post.find('a', class_='user-link')
            if not user:
                # User might be deleted, skip...
                continue
            user = user.get_text(strip=True)
            quotes = []
            for quote in post.find_all(class_='quote_header'):
                quoted_user = quote.find('a', class_='user-link')
                if quoted_user:
                    quotes.append(quoted_user.get_text(strip=True))
            posts.append((user, quotes))
        page += 1
        next_page = soup.find('li', class_='next')
        if 'state-disabled' in next_page.get('class'):
            break
    return posts
url = 'http://bpbasecamp.freeforums.net/board/27/gear-closet'
thread = '/thread/2131/before-asking-which-pack-boot'

thread_url = urljoin(url, thread)
posts = get_thread_posts(thread_url)
print(posts)
```

运行此命令将输出一个列表，其中每个元素都是一个元组，其中包含发帖人的名称和帖子中引用的用户列表：

```
Scraping thread url/page:                                                   ↩
    http://bpbasecamp.freeforums.net/thread/2131/before-asking-which-pack-boot 1
Scraping thread url/page:                                                   ↩
    http://bpbasecamp.freeforums.net/thread/2131/before-asking-which-pack-boot 2
[('almostthere', []), ('trinity', []), ('paula53', []),                     ↩
    ('toejam', ['almostthere']), ('stickman', []), ('tamtrails', []),       ↩
    ('almostthere', ['tamtrails']), ('kayman', []), ('almostthere',         ↩
    ['kayman']), ('lanceman', []), ('trinity', ['trinity']),                ↩
     ('Christian', ['almostthere']), ('pollock', []), ('mitsmit', []),      ↩
    ('intothewild', []), ('Christian', []), ('softskull', []), ('argus',    ↩
    []),('lyssa7', []), ('kevin', []), ('greenwoodsuncharted', [])]
```

通过将这两个函数放在一起，我们得到了下面的脚本。我们将使用 Python 的“pickle”模块来存储我们的爬取结果，这样我们就不必一遍又一遍地重新爬取论坛：

```
import requests
import re
from urllib.parse import urljoin
from bs4 import BeautifulSoup
import pickle

def get_forum_threads(url, max_pages=None):
    page = 1
    threads = []
    while not max_pages or page <= max_pages:
        print('Scraping forum page:', page)
        r = requests.get(url, params={'page=': page})
        soup = BeautifulSoup(r.text, 'html.parser')
        content = soup.find(class_='content')
        links = content.find_all('a', attrs={'href': re.compile
        ('^\/thread\/')})
        threads_on_page = [a.get('href') for a in links \
                if a.get('href') and not 'page' in a.get('href')]
        threads += threads_on_page
        page += 1
        next_page = soup.find('li', class_='next')
        if 'state-disabled' in next_page.get('class'):
            break
    return threads
def get_thread_posts(url, max_pages=None):
    page = 1
    posts = []
    while not max_pages or page <= max_pages:
        print('Scraping thread url/page:', url, page)
        r = requests.get(url, params={'page': page})
        soup = BeautifulSoup(r.text, 'html.parser')
        content = soup.find(class_='content')
        for post in content.find_all('tr', class_='item'):
            user = post.find('a', class_='user-link')
            if not user:
                # User might be deleted, skip...
                continue
            user = user.get_text(strip=True)
            quotes = []
            for quote in post.find_all(class_='quote_header'):
                quoted_user = quote.find('a', class_='user-link')
                if quoted_user:
                    quotes.append(quoted_user.get_text(strip=True))
```

```
            posts.append((user, quotes))
        page += 1
        next_page = soup.find('li', class_='next')
        if 'state-disabled' in next_page.get('class'):
            break
    return posts

url = 'http://bpbasecamp.freeforums.net/board/27/gear-closet'

threads = get_forum_threads(url, max_pages=5)
all_posts = []

for thread in threads:
    thread_url = urljoin(url, thread)
    posts = get_thread_posts(thread_url)
    all_posts.append(posts)

with open('forum_posts.pkl', "wb") as output_file:
    pickle.dump(all_posts, output_file)
```

接下来，我们可以加载结果并在热图中显示它们。我们将使用“pandas”“numpy”和“matplotlib”进行实现，所有这些都可以通过pip安装（如果你已经按照前面的示例安装了pandas和matplotlib，那么就不需要再安装它们了）：

```
pip install -U pandas
pip install -U numpy
pip install -U matplotlib
```

我们仅从第一个帖子开始显示（显示在上面爬取的输出片段中）：

```
import pickle
import numpy as np
import pandas as pd
import matplotlib.pyplot as plt

# Load our stored results
with open('forum_posts.pkl', "rb") as input_file:
    posts = pickle.load(input_file)

def add_interaction(users, fu, tu):
    if fu not in users:
        users[fu] = {}
    if tu not in users[fu]:
        users[fu][tu] = 0
    users[fu][tu] += 1

# Create interactions dictionary
users = {}
for thread in posts:
```

```
        first_one = None
        for post in thread:
            user = post[0]
            quoted = post[1]
            if not first_one:
                first_one = user
            elif not quoted:
                add_interaction(users, user, first_one)
            else:
                for qu in quoted:
                    add_interaction(users, user, qu)
        # Stop after the first thread
        break

df = pd.DataFrame.from_dict(users, orient='index').fillna(0)

heatmap = plt.pcolor(df, cmap='Blues')
y_vals = np.arange(0.5, len(df.index), 1)
x_vals = np.arange(0.5, len(df.columns), 1)
plt.yticks(y_vals, df.index)
plt.xticks(x_vals, df.columns, rotation='vertical')
for y in range(len(df.index)):
    for x in range(len(df.columns)):
        if df.iloc[y, x] == 0:
            continue
        plt.text(x + 0.5, y + 0.5, '%.0f' % df.iloc[y, x],
                 horizontalalignment='center',
                 verticalalignment='center')
plt.show()
```

这将为你提供如图 9-6 所示的结果。如你所见，各种用户都在回复原始帖子，而原始帖子的作者也引用了一些其他用户。

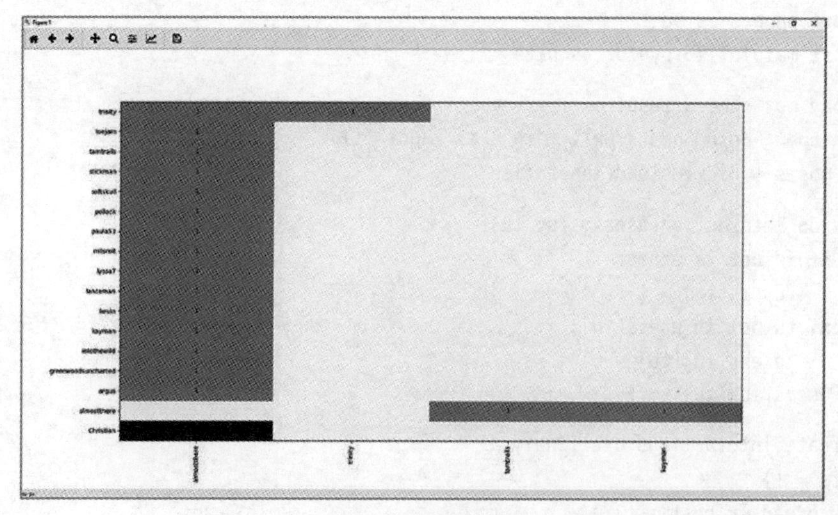

图 9-6　可视化一个论坛帖子的用户交互

有多种方法可以实现这种可视化。例如，图 9-7 显示了论坛所有帖子的用户交互，但只考虑了直接引用。

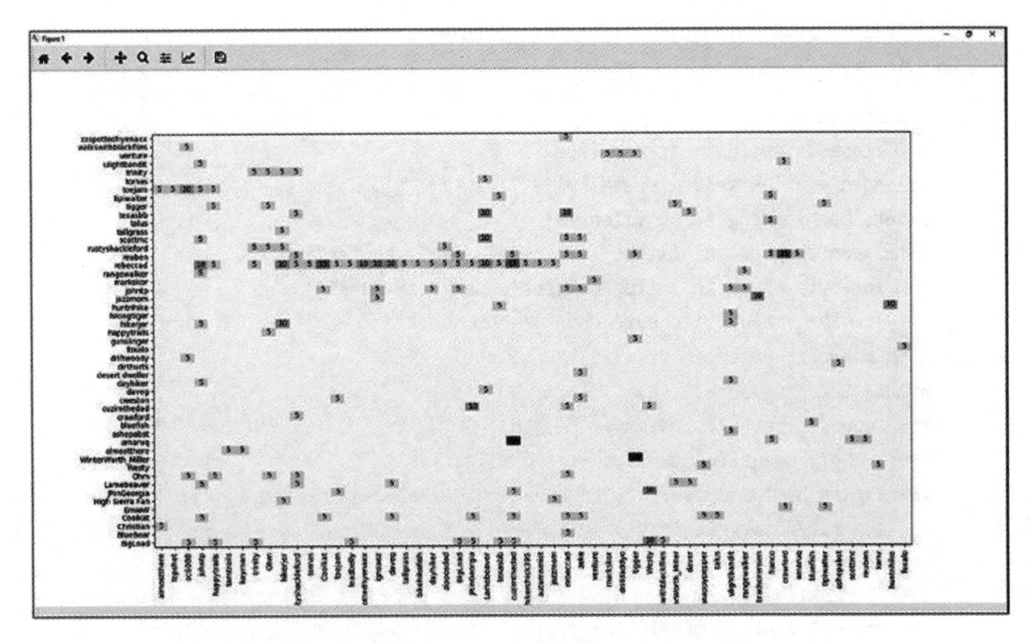

图 9-7 可视化爬取的论坛所有帖子的用户互动（仅限直接引用）

9.10 收集和聚类时尚数据集

在这个例子中，我们将使用 Zalando（一个受欢迎的瑞典网上商店）来获取时尚产品的图片集合，并使用 t-SNE 对它们进行聚类。

> 检查 API 注意，Zalando 还公开了一个易于使用的 API（请参阅 https://github.com/zalando/shop-api-documentation/wiki/Api-introduction）。在本文的写作时，这个 API 不需要身份验证，但这将在不久的将来更改，要求用户注册才能获取 API 访问权限。因为我们只会在这里获取图像，所以不会费心去注册，但在一些正规的“app”中，肯定会推荐使用 API 选项。

我们的第一个脚本是下载图像并将它们存储在一个目录中，见图 9-8：

```
import requests
import os, os.path
from bs4 import BeautifulSoup
from urllib.parse import urljoin, urlparse
```

```
store = 'images'
if not os.path.exists(store):
    os.makedirs(store)

url = 'https://www.zalando.co.uk/womens-clothing-dresses/'
pages_to_crawl = 15

def download(url):
    r = requests.get(url, stream=True)
    filename = urlparse(url).path.split('/')[-1]
    print('Downloading to:', filename)
    with open(os.path.join(store, filename), 'wb') as the_image:
        for byte_chunk in r.iter_content(chunk_size=4096*4):
            the_image.write(byte_chunk)
for p in range(1, pages_to_crawl+1):
    print('Scraping page:', p)
    r = requests.get(url, params={'p' : p})
    html_soup = BeautifulSoup(r.text, 'html.parser')
    for img in html_soup.select('#z-nvg-cognac-root z-grid-item img'):
        img_src = img.get('src')
        if not img_src:
            continue
        img_url = urljoin(url, img_src)
        download(img_url)
```

图 9-8　爬取的一系列衣服图像

接下来，我们将使用 t-SNE 聚类算法对图片进行聚类。t-SNE 是一种相对较新的降维技术，特别适用于高维数据集（如图片）的可视化。你可以在 https://

lvdmaaten.github.io/tsne/ 上阅读有关该技术的信息。本示例将使用“scikit-learn”“matplotlib”“scipy”和“numpy”库，所有这些都是数据科学家熟悉的库，可以通过 pip 安装：

```
pip install -U matplotlib
pip install -U scikit-learn
pip install -U numpy
pip install -U scipy
```

我们的聚类脚本如下：

```
import os.path
import numpy as np
import matplotlib.pyplot as plt
from matplotlib import offsetbox
from sklearn import manifold
from scipy.misc import imread
from glob import iglob

store = 'images'

image_data = []
for filename in iglob(os.path.join(store, '*.jpg')):
    image_data.append(imread(filename))

image_np_orig = np.array(image_data)
image_np = image_np_orig.reshape(image_np_orig.shape[0], -1)

def plot_embedding(X, image_np_orig):
    # Rescale
    x_min, x_max = np.min(X, 0), np.max(X, 0)
    X = (X - x_min) / (x_max - x_min)
    # Plot images according to t-SNE position
    plt.figure()
    ax = plt.subplot(111)
    for i in range(image_np.shape[0]):
        imagebox = offsetbox.AnnotationBbox(
            offsetbox=offsetbox.OffsetImage(image_np_orig[i], zoom=.1),
            xy=X[i],
            frameon=False)
        ax.add_artist(imagebox)
print("Computing t-SNE embedding")

tsne = manifold.TSNE(n_components=2, init='pca')
X_tsne = tsne.fit_transform(image_np)
plot_embedding(X_tsne, image_np_orig)
plt.show()
```

此代码的工作原理如下。首先，我们加载所有图片（使用 `imread`）并将它们转换为一个 numpy 数组。`reshape` 函数确保我们得到一个 $n \times 3m$ 矩阵，其中 n 为图片数量，m 为每个图片的像素数，用 r、g、b 分别表示红、绿、蓝通道的像素值，而不是 $n \times g \times b$ 张量。在构建 t-SNE 嵌入之后，我们使用 matplotlib 把计算出的 x 和 y 坐标绘制成图像，得到如图 9-9 所示的图像（使用大约 1 000 张爬取的照片）。可以看出，这里的聚类主要由图像中颜色的饱和度和强度驱动。

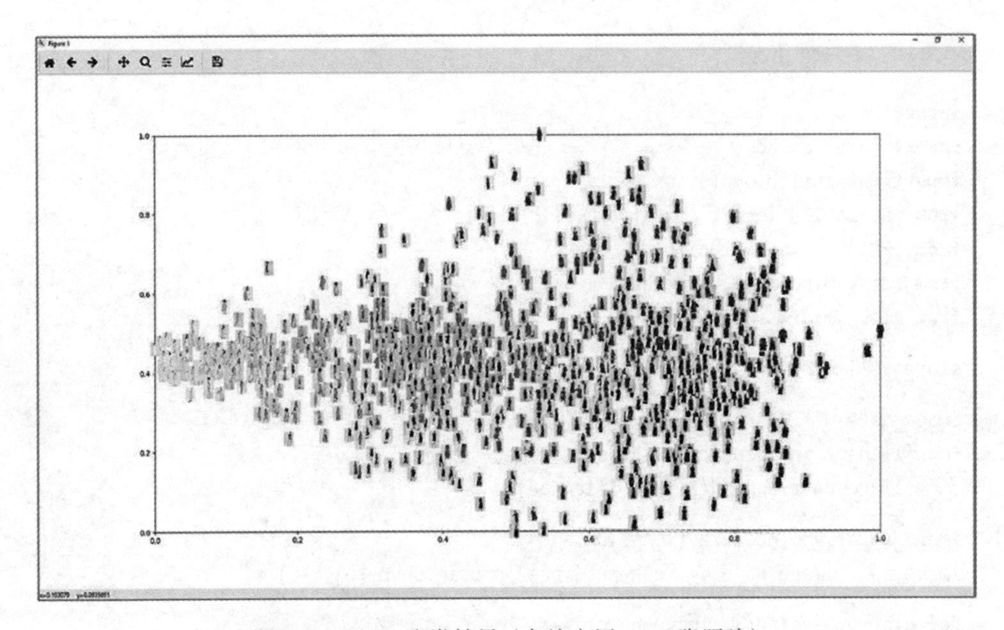

图 9-9　t-SNE 聚类结果（大约应用 1000 张照片）

> **图片大小**　很幸运的是我们爬取的所有图片都具有相同的宽度和高度。如果不是这样，首先必须调整大小以确保每个图片都会在数据集中得到一个长度相等的向量。

9.11　Amazon 评论的情感分析

我们将爬取一份 Amazon 评论的列表，其中包括对某一特定产品的评级。我们将以一本有大量评论的书为例，比如 Mark Lutz 的《Learning Python》，可以在 https://www.amazon.com/Learning-Python-5th-Mark-Lutz/dp/1449355730/ 上面找到。如果你点击“See all customer reviews”，你最终会访问 https://www.amazon.com/Learning-Python-5th-Mark-Lutz/product-reviews/1449355730/。请注意，此产品的 ID

为“1449355730”，即使使用不带产品名称的网址 https://www.amazon.com/product-reviews/1449355730/，也能正常工作。

简单的URL 在编写网络爬取之前，使用 URL 总是一个好主意。基于上面的内容，我们知道根据一个给定的产品标识符就足以获取评论页面，而无须弄清楚确切的 URL，包括产品名称。那么，为什么 Amazon 允许使用这两种方式，又默认包含产品名称呢？原因很可能是搜索引擎优化（SEO）。Google 等搜索引擎更喜欢包含人类可读组件的 URL。

在你浏览评论页面时，会注意到评论是分页的。通过浏览其他页面并跟随浏览器的 Developer Tools，我们看到 POST 请求（通过 JavaScript）发送到类似于 https://www.amazon.com/ss/customer-reviews/ajax/reviews/get/ref=cm_cr_arp_d_paging_btm_2 的 URL 上，其中包含表单数据中的产品 ID，以及其他一些看起来相对容易伪造的表单字段。看一下我们通过 requests 会得到什么：

```
import requests
from bs4 import BeautifulSoup

review_url = 'https://www.amazon.com/ss/customer-reviews/ajax/reviews/get/'
product_id = '1449355730'
session = requests.Session()
session.headers.update({
    'User-Agent' : 'Mozilla/5.0 (Windows NT 10.0; Win64; x64)
    AppleWebKit/537.36 ' + ' (KHTML, like Gecko) Chrome/62.0.3202.62
    Safari/537.36'
    })

session.get('https://www.amazon.com/product-reviews/{}/'.format(product_id))

def get_reviews(product_id, page):
    data = {
        'sortBy':'',
        'reviewerType':'all_reviews',
        'formatType':'',
        'mediaType':'',
        'filterByStar':'all_stars',
        'pageNumber':page,
        'filterByKeyword':'',
        'shouldAppend':'undefined',
        'deviceType':'desktop',
        'reftag':'cm_cr_getr_d_paging_btm_{}'.format(page),
        'pageSize':10,
        'asin':product_id,
```

```
        'scope':'reviewsAjax1'
        }
    r = session.post(review_url + 'ref=' + data['reftag'], data=data)
    return r.text

print(get_reviews(product_id, 1))
```

请注意，我们在此处包装“User-Agent”头。如果我们不这样做，Amazon 将回复一条消息，要求验证我们是否是人（你可以从浏览器的 Developer Tools 中复制此兴的值）。另外，请注意我们设置为“reviewsAjax1”的“scope”表单字段。如果你在浏览器中浏览评论页面，你就会看到该字段的值实际上是针对每个请求增加的，即“reviewsAjax1”“reviewAjax2”等。我们也可以复制这种行为。如果 Amazon 会采取我们的策略，我们将不得不这样做，尽管这似乎并不是正确返回结果的必要条件。

最后，请注意 POST 请求不返回完整的 HTML 页面，而是一些手工编码的结果，通常由 JavaScript 解析：

```
["script",
 "if(window.ue) { ues('id','reviewsAjax1','FE738GN7GRDZK6Q09S9G');
 ues('t0','reviewsAjax1',new Date());
 ues('ctb','reviewsAjax1','1');
 uet('bb','reviewsAjax1'); }"
]
&&&
["update","#cm_cr-review_list",""]
&&&
["loaded"]
&&&
["append","#cm_cr-review_list","<div id=\"R3JQXR4EMWJ7AD\" data-
      hook=\"review\"class=\"a-section review\"><div id=\
     "customer_review-R3JQXR4EMWJ7AD\"class=\"a-section celwidget\">
     <div class=\"a-row\"><a class=\"a-link-normal\"title=\"5.0 out
     of 5 stars\"
[...]
```

幸运的是，在稍微了解响应之后（可以随意在文本编辑器中复制粘贴完整的响应并通读一遍），结构似乎很容易弄清楚：

- 响应由几个“指令”组成，格式化为 JSON 列表；
- 指令本身由三个“&&&”分隔；
- 包含评论的说明以“append”字符串开头；
- 评论的实际内容被格式化为 HTML 元素，位于列表的第三个位置。

调整我们的代码，以结构化格式解析评论。我们将遍历所有指令，使用“json”模块进行转换，检查“append”条目，然后使用Beautiful Soup解析HTML片段并获得评论id、评级、标题和文本。我们还需要一个简单的正则表达式来获得评级，该评级被设置为具有类似“a-start-1”～“a-star-5”值的类。我们可以按原样使用它们，但是简单地使用“1”～“5”可能更容易在以后使用，因此我们在这里做了一些清理：

```
import requests
import json
import re
from bs4 import BeautifulSoup

review_url = 'https://www.amazon.com/ss/customer-reviews/ajax/reviews/get/'
product_id = '1449355730'

session = requests.Session()
session.headers.update({
    'User-Agent' : 'Mozilla/5.0 (Windows NT 10.0; Win64; x64)
    AppleWebKit/537.36 ' + ' (KHTML, like Gecko) Chrome/62.0.3202.62
    Safari/537.36'
    })

session.get('https://www.amazon.com/product-reviews/{}/'.format(product_id))

def parse_reviews(reply):
    reviews = []
    for fragment in reply.split('&&&'):
        if not fragment.strip():
            continue
        json_fragment = json.loads(fragment)
        if json_fragment[0] != 'append':
            continue
        html_soup = BeautifulSoup(json_fragment[2], 'html.parser')
        div = html_soup.find('div', class_='review')
        if not div:
            continue
        review_id = div.get('id')
        title = html_soup.find(class_='review-title').get_text(strip=True)
        review = html_soup.find(class_='review-text').get_text(strip=True)
        # Find and clean the rating:
        review_cls = ' '.join(html_soup.find(class_='review-rating').
        get('class'))
        rating = re.search('a-star-(\d+)', review_cls).group(1)
        reviews.append({'review_id': review_id,
                        'rating': rating,
                        'title': title,
```

```
                              'review': review})
    return reviews

def get_reviews(product_id, page):
    data = {
        'sortBy':'',
        'reviewerType':'all_reviews',
        'formatType':'',
        'mediaType':'',
        'filterByStar':'all_stars',
        'pageNumber':page,
        'filterByKeyword':'',
        'shouldAppend':'undefined',
        'deviceType':'desktop',
        'reftag':'cm_cr_getr_d_paging_btm_{}'.format(page),
        'pageSize':10,
        'asin':product_id,
        'scope':'reviewsAjax1'
        }
    r = session.post(review_url + 'ref=' + data['reftag'], data=data)
    reviews = parse_reviews(r.text)
    return reviews

print(get_reviews(product_id, 1))
```

起作用了！剩下唯一要做的事情是遍历所有页面，并使用“dataset”库将评论存储在数据库中。幸运的是，弄清楚何时停止循环很简单：一旦我们没有得到任何特定页面的评论，我们就可以停止。

```
import requests
import json
import re
from bs4 import BeautifulSoup
import dataset

db = dataset.connect('sqlite:///reviews.db')

review_url = 'https://www.amazon.com/ss/customer-reviews/ajax/reviews/get/'
product_id = '1449355730'

session = requests.Session()
session.headers.update({
    'User-Agent' : 'Mozilla/5.0 (Windows NT 10.0; Win64; x64)
    AppleWebKit/537.36 ' + ' (KHTML, like Gecko) Chrome/62.0.3202.62
    Safari/537.36'
    })

session.get('https://www.amazon.com/product-reviews/{}/'.format(product_id))
```

```
def parse_reviews(reply):
    reviews = []
    for fragment in reply.split('&&&'):
        if not fragment.strip():
            continue
        json_fragment = json.loads(fragment)
        if json_fragment[0] != 'append':
            continue
        html_soup = BeautifulSoup(json_fragment[2], 'html.parser')
        div = html_soup.find('div', class_='review')
        if not div:
            continue
        review_id = div.get('id')
        review_cls = ' '.join(html_soup.find(class_='review-rating').
        get('class'))
        rating = re.search('a-star-(\d+)', review_cls).group(1)
        title = html_soup.find(class_='review-title').get_text(strip=True)
        review = html_soup.find(class_='review-text').get_text(strip=True)
        reviews.append({'review_id': review_id,
                        'rating': rating,
                        'title': title,
                        'review': review})
    return reviews

def get_reviews(product_id, page):
    data = {
        'sortBy':'',
        'reviewerType':'all_reviews',
        'formatType':'',
        'mediaType':'',
        'filterByStar':'all_stars',
        'pageNumber':page,
        'filterByKeyword':'',
        'shouldAppend':'undefined',
        'deviceType':'desktop',
        'reftag':'cm_cr_getr_d_paging_btm_{}'.format(page),
        'pageSize':10,
        'asin':product_id,
        'scope':'reviewsAjax1'
        }
    r = session.post(review_url + 'ref=' + data['reftag'], data=data)
    reviews = parse_reviews(r.text)
    return reviews

page = 1
while True:
    print('Scraping page', page)
```

```
    reviews = get_reviews(product_id, page)
    if not reviews:
        break
    for review in reviews:
        print(' -', review['rating'], review['title'])
        db['reviews'].upsert(review, ['review_id'])
    page += 1
```

这将会输出以下内容:

```
Scraping page 1
  - 5 let me try to explain why this 1600 page book may actually end ↩
     up saving you a lot of time and making you a better Python progra
  - 5 Great start, and written for the novice
  - 5 Best teacher of software development
  - 5 Very thorough
  - 5 If you like big thick books that deal with a lot of ...
  - 5 Great book, even for the experienced python programmer
  - 5 Good Tutorial; you'll learn a lot.
  - 2 Takes too many pages to explain even the most simpliest ...
  - 3 If I had a quarter for each time he says something like "here's ↩
     an intro to X
  - 4 it almost seems better suited for a college class
[...]
```

现在我们有一个包含评论的数据库，让我们利用这些来做一些有趣的事情。我们将在评论中运行情感分析算法（提供每次评论的情感评分），然后我们可以根据给出的不同评级进行绘图，以检查评级与文本中情绪之间的相关性。为此，我们将使用“vaderSentiment”库，只需使用 pip 即可安装。我们还需要安装“nltk”（自然语言工具包）库:

```
pip install -U vaderSentiment
pip install -U nltk
```

对于单个句子，使用 vaderSentiment 库非常简单:

```
from vaderSentiment.vaderSentiment import SentimentIntensityAnalyzer

analyzer = SentimentIntensityAnalyzer()

sentence = "I'm really happy with my purchase"
vs = analyzer.polarity_scores(sentence)

print(vs)
# Shows: {'neg': 0.0, 'neu': 0.556, 'pos': 0.444, 'compound': 0.6115}
```

为进行较长文本的情感分析，一种简单的方法是计算每个句子的情感得分，并将其平均到文本中的所有句子中，如下所示：

```
from vaderSentiment.vaderSentiment import SentimentIntensityAnalyzer
from nltk import tokenize

analyzer = SentimentIntensityAnalyzer()

paragraph = """
    I'm really happy with my purchase.
    I've been using the product for two weeks now.
    It does exactly as described in the product description.
    The only problem is that it takes a long time to charge.
    However, since I recharge during nights, this is something I can
    live with.
    """

sentence_list = tokenize.sent_tokenize(paragraph)
cumulative_sentiment = 0.0
for sentence in sentence_list:
    vs = analyzer.polarity_scores(sentence)
    cumulative_sentiment += vs["compound"]
    print(sentence, ' : ', vs["compound"])

average_sentiment = cumulative_sentiment / len(sentence_list)
print('Average score:', average_score)
```

如果运行此代码，ntlk 很可能会报错，错误信息为找不到信息源：

```
Resource punkt not found.
  Please use the NLTK Downloader to obtain the resource:

  >>> import nltk
  >>> nltk.download('punkt')
[...]
```

要解决此问题，请在 Python shell 上执行推荐的命令：

```
>>> import nltk
>>> nltk.download('punkt')
```

下载并安装资源后，上面的代码应该可以正常工作并输出：

```
I'm really happy with my purchase. : 0.6115
I've been using the product for two weeks now. : 0.0
It does exactly as described in the product description. : 0.0
The only problem is that it takes a long time to charge. : -0.4019
However, since I recharge during nights, this is something I can live
with. : 0.0
Average score: 0.04192000000000001
```

让我们将其应用到Amazon评论列表中。计算每个评级的情感，通过评级来组织它们，然后使用“matplotlib”库来绘制每个评级情感评分的小提琴图：

```
from vaderSentiment.vaderSentiment import SentimentIntensityAnalyzer
from nltk import tokenize
import dataset
import matplotlib.pyplot as plt

db = dataset.connect('sqlite:///reviews.db')
reviews = db['reviews'].all()

analyzer = SentimentIntensityAnalyzer()

sentiment_by_stars = [[] for r in range(1,6)]

for review in reviews:
    full_review = review['title'] + '. ' + review['review']
    sentence_list = tokenize.sent_tokenize(full_review)
    cumulative_sentiment = 0.0
    for sentence in sentence_list:
        vs = analyzer.polarity_scores(sentence)
        cumulative_sentiment += vs["compound"]
    average_score = cumulative_sentiment / len(sentence_list)
    sentiment_by_stars[int(review['rating'])-1].append(average_score)
plt.violinplot(sentiment_by_stars,
               range(1,6),
               vert=False, widths=0.9,
               showmeans=False, showextrema=True, showmedians=True,
               bw_method='silverman')
plt.axvline(x=0, linewidth=1, color='black')
plt.show()
```

这应输出类似于图9-10所示的图形。在这种情况下，我们确实可以观察到评级与文本情感之间的强烈相关性，但是有趣的是，对于较低的评级（两星和三星），大多数评论仍然是积极的。当然，使用这些数据集还可以做更多的事情。例如，构建检测虚假评论的预测模型。

9.12 爬取和分析维基百科关联图

在这个例子中，我们将再次使用维基百科网页（在关于网络爬虫的章节中我们已经使用过）。我们的目标是爬取维基百科页面的标题，同时跟踪它们之间的链接，将使用它来构建关联图并使用Python对其进行分析。我们将再次使用“dataset”库作为存储结果的简单方法。以下代码包含完整的爬虫设置：

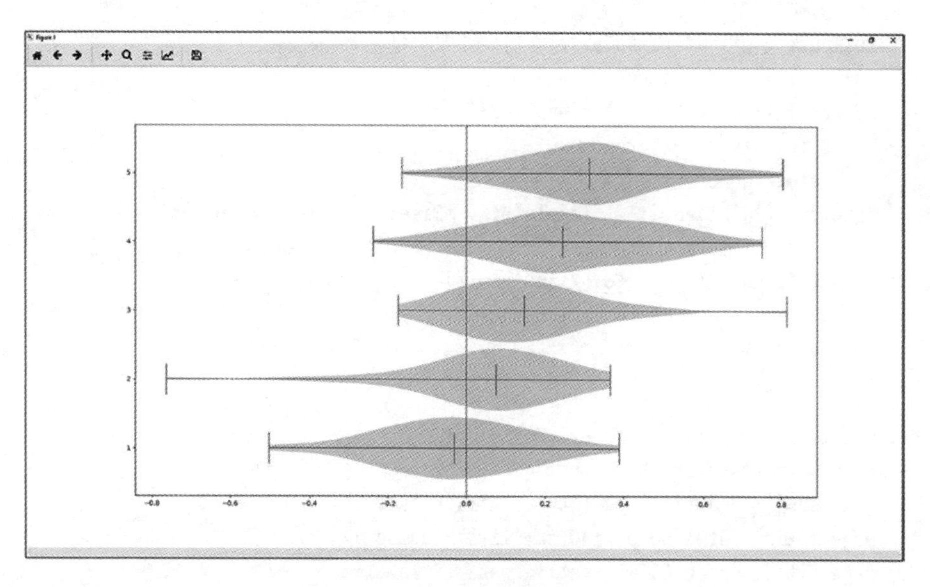

图 9-10 每个评级级别的情感图

```
import requests
import dataset
from bs4 import BeautifulSoup
from urllib.parse import urljoin, urldefrag
from joblib import Parallel, delayed

db = dataset.connect('sqlite:///wikipedia.db')
base_url = 'https://en.wikipedia.org/wiki/'

def store_page(url, title):
    print('Visited page:', url)
    print(' title:', title)
    db['pages'].upsert({'url': url, 'title': title}, ['url'])

def store_links(from_url, links):
    db.begin()
    for to_url in links:
        db['links'].upsert({'from_url': from_url, 'to_url': to_url},
                           ['from_url', 'to_url'])
    db.commit()
def get_random_unvisited_pages(amount=10):
    result = db.query('''SELECT * FROM links
        WHERE to_url NOT IN (SELECT url FROM pages)
        ORDER BY RANDOM() LIMIT {}'''.format(amount))
    return [r['to_url'] for r in result]

def should_visit(base_url, url):
    if url is None:
        return None
```

```
    full_url = urljoin(base_url, url)
    full_url = urldefrag(full_url)[0]
    if not full_url.startswith(base_url):
        # This is an external URL
        return None
    ignore = ['Wikipedia:', 'Template:', 'File:', 'Talk:', 'Special:',
              'Template talk:', 'Portal:', 'Help:', 'Category:', 'index.php']
    if any([i in full_url for i in ignore]):
        # This is a page to be ignored
        return None
    return full_url

def get_title_and_links(base_url, url):
    html = requests.get(url).text
    html_soup = BeautifulSoup(html, 'html.parser')
    page_title = html_soup.find(id='firstHeading')
    page_title = page_title.text if page_title else ''
    links = []
    for link in html_soup.find_all("a"):
        link_url = should_visit(base_url, link.get('href'))
        if link_url:
            links.append(link_url)
    return url, page_title, links

if __name__ == '__main__':
    urls_to_visit = [base_url]
while urls_to_visit:
    scraped_results = Parallel(n_jobs=5, backend="threading")(
        delayed(get_title_and_links)(base_url, url) for url in
        urls_to_visit
    )
    for url, page_title, links in scraped_results:
        store_page(url, page_title)
        store_links(url, links)
    urls_to_visit = get_random_unvisited_pages()
```

此处需要一些额外的解释：

- 数据库的结构如下，“pages”表包含访问过的URL列表及其页面标题。`store_page`方法用于存储此表中的条目。另一个表“links”仅仅包含一对URL来表示页面之间的链接。`store_link`方法用于更新这些内容，两种方法都使用“dataset”库。对于后者，在单个显式数据库事务中执行多个upsert操作以加快速度。
- `get_random_unvisited_pages`方法现在返回一列未访问的URL表，而非只有一个，该方法选择一个随机链接到的URL列表，这些链接到的URL

还没有出现在“pages”表中（因此还没有被访问）。

- should_visit 方法用于确定是否需要考虑一个链接进行爬取。如果该链接被包含，则返回正确格式化的 URL，否则返回 None。
- get_title_and_links 方法进行页面的实际爬取，获取其标题和 URL 列表。
- 代码不断循环，直到不再有未访问的页面（基本上是永久的，因为新的页面将继续被发现）。它会弹出一个我们还没有访问过的随机页面列表，获取它们的标题和链接，并将它们存储在数据库中。
- 请注意，我们在此处使用“joblib”库来设置并行方法。简单地逐个访问 URL 在这里会太慢，所以使用 joblib 设置多线程方法同时访问链接，有效地产生多个网络请求。重要的是不要破坏连接或维基百科服务器，因此将 n_jobs 参数限制为 5。这里使用 back-end 参数来表示想要使用多个线程而不是多个进程来设置并行计算。在 Python 中，这两种方法都有其优缺点，多进程方法需要更多的开销来设置，但它会更快一些，因为 Python 的内部线程系统因为“全局锁”（GIL）的存在有点繁琐（关于 GIL 的完整讨论超出了本书范围，但如果这是你第一次听到 GIL，请在线查找更多信息）。在例子中，工作本身相对简单：执行网络请求并解析，因此使用多线程方法是好的。
- 这也是我们不将结果存储在 get_title_and_links 方法内置的数据库中，而是等待并行作业完成执行并返回结果的原因。SQLite 不喜欢同时从多个线程或多个进程写入，所以要等到收集完结果后再将它们写入数据库。另一种方法是使用客户端—服务器数据库系统。请注意，应避免使用大量结果而过度加载数据库。不仅是中间结果存储在内存中，而且在写入大量结果时，还需要等待一段时间。由于 get_random_unvisited_pages 方法返回最大 10 个 URL 的列表，因此在我们的示例中，我们不需要太担心这个问题。
- 最后，请注意程序的主要入口点现在位于“if __name__ == '__main__':”处。在其他示例中，为了简单起见，我们并没有这样做，尽管这样做是一个很好的做法。原因如下：当 Python 脚本导入另一个模块时，该模块中包含的所有代码都会被立即执行。例如，如果想在另一个脚本中重用 should_visit 方法，可以使用“import myscript”或“from myscript import should_visit”导入原始脚本。在这两种情况下，“myscript.py”中的完整代码将被执行。如果这个脚本包含一个代码块，比如本例中的“while”循环，它将开始执行那段代码，这不是导入代码时所希望的，我们只想加载函数定义。因此，想向 Python 表明“只在脚本被直接执行时才执行这段代码”，这就是“ if__name == '__main__':” 检查所做的。如果从命令行启动脚本，则特殊的“ __name__ ” 变量将设置为“ __main__ ”。如果我们的脚本将从另一个模块导入，则“ __name__ ” 将被设置为该模块的名称。当我们在这里使用 joblib 时，代码的内容将被发送到所有“worker”(线程或进程)，以便它们执行正确的导入并加载正确的函数定义。例如，在我们的例子中，不同的 worker 应该知道 `get_title_and_links` 方法。但是，由于 worker 还将执行脚本中包含的完整代码（就像导入一样），还需要阻止它们运行主代码块，这就是我们需要提供“if__name == '__main__':” 检查的原因。

可以一直让爬虫程序运行，但是请注意，不太可能实现。在下一步中，较小的图也更容易查看。一旦爬虫程序运行了一段时间，可以通过简单地中断来让它停止。由于我们使用的是“ upsert”，随后可以随意恢复它（它将继续根据它停止的位置进行爬取）。

我们现在可以使用爬取的结果执行一些有趣的图形分析。在 Python 中，有两个流行的库可用，即 NetworkX (pip networkx) 和 iGraph (pip python - igraph)。我们将在这里使用 NetworkX 以及“matplotlib” 来可视化图。

图形可视化很难　正如 NetworkX 文档本身所指出的那样，适当的图形可视化很难，并且库的作者建议人们使用专门用于该任务的工具来进行可视化。对于简单的案例，内置方法就足够了，尽管需要通过 matplotlib 来使图形更具吸引力。如果你对图形可视化感兴趣，请查看诸如 Cytoscape、Gephi 和 Graphviz 之类的程序。在下一个实例中，我们将使用 Gephi 来进行可视化。

以下代码将进行图形可视化。我们首先构造一个新的 NetworkX 图形对象，并将这些页面添加为访问节点。接下来我们添加边，尽管只是在访问过的页面之间。作为额外的一步，还要删除完全未连接的节点（这些节点在此阶段不应出现）。然后计算一个中心性度量，称为中介中心性（Betweenness），作为节点重要性的度量。此度量标准是根据从所有节点到通过正在计算度量标准的节点的所有其他节点的最短路径数计算的。一个节点在另外两个节点之间的最短路径上停留的次数越多，根据此度量标准就越重要。我们将根据此指标为节点着色，给节点涂上不同深浅的蓝色。我们将修改后的 Sigmoid 函数应用于中介中心性，以“将值压缩”在一定范围内，从而产生更吸引人的可视化效果。我们还在此处手动向节点添加标签，并使它们显示在实际节点上方。这将提供如图 9-11 所示的结果。

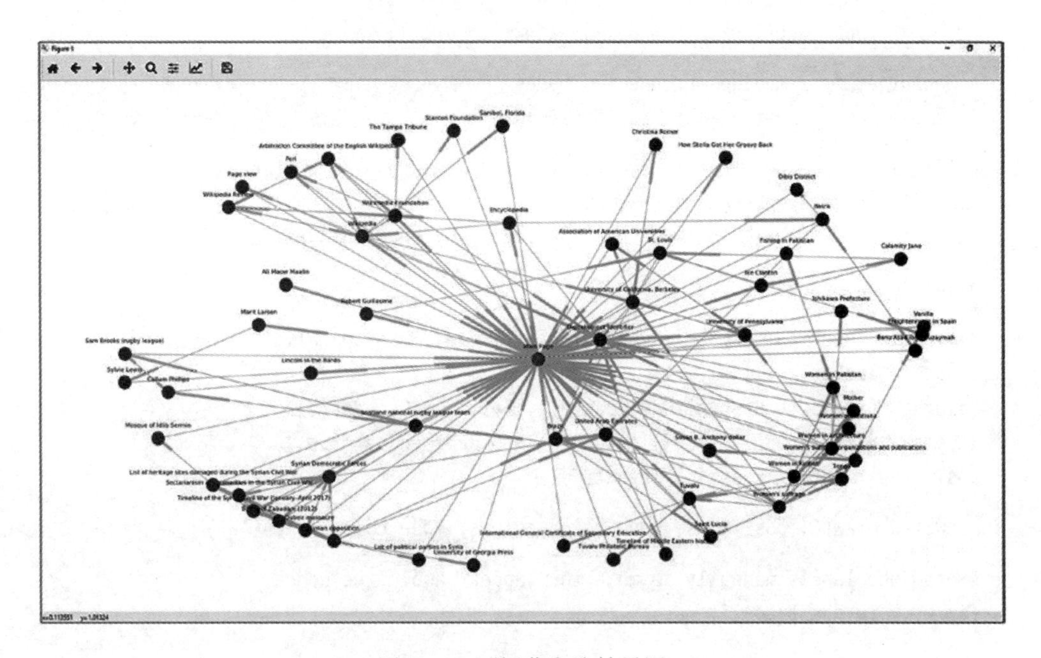

图 9-11　可视化爬取结果图

> **忽略警告**　在运行可视化代码时，你很可能会看到来自 matplotlib 的警告，显示 NetworkX 正在使用已弃用的函数。虽然 matplotlib 的高级版本可能不再适用于 NetworkX，但这是可以忽略的。目前尚不清楚 NetworkX 的作者是否会继续关注未来的可视化。正如你注意到的，可视化中边缘的“箭头”看起来也不是很漂亮。这是 NetworkX 长期存在的问题。再次说明：NetworkX 对于分析和图形处理很好，但是对于可视化来说就不那么好了。如果可视化是你的核心关注点，请查看其他库。

```python
import networkx
import matplotlib.pyplot as plt
import dataset

db = dataset.connect('sqlite:///wikipedia.db')
G = networkx.DiGraph()

print('Building graph...')
for page in db['pages'].all():
    G.add_node(page['url'], title=page['title'])
```

```
for link in db['links'].all():
    # Only addedge if the endpoints have both been visited
    if G.has_node(link['from_url']) and G.has_node(link['to_url']):
        G.add_edge(link['from_url'], link['to_url'])

# Unclutter by removing unconnected nodes
G.remove_nodes_from(networkx.isolates(G))

# Calculate node betweenness centrality as a measure of importance
print('Calculating betweenness...')
betweenness = networkx.betweenness_centrality(G, endpoints=False)

print('Drawing graph...')

# Sigmoid function to make the colors (a little) more appealing
squash = lambda x : 1 / (1 + 0.5**(20*(x-0.1)))
colors = [(0, 0, squash(betweenness[n])) for n in G.nodes()]
labels = dict((n, d['title']) for n, d in G.nodes(data=True))
positions = networkx.spring_layout(G)

networkx.draw(G, positions, node_color=colors, edge_color='#AEAEAE')

# Draw the labels manually to make them appear above the nodes
for k, v in positions.items():

    plt.text(v[0], v[1]+0.025, s=labels[k],
             horizontalalignment='center', size=8)

plt.show()
```

9.13　爬取和可视化董事会成员图

在这个例子中，目标是通过董事会成员构建标普 500 指数公司的社交图及其相互关联性。我们将从 Reuters 的标普 500 页面开始以获取股票代码列表，网址为 https://www.reuters.com/finance/markets/index/.SPX。

```
from bs4 import BeautifulSoup
import requests
import re

session = requests.Session()

sp500 = 'https://www.reuters.com/finance/markets/index/.SPX'

page = 1
regex = re.compile(r'\/finance\/stocks\/overview\/.*')
symbols = []

while True:
```

```
    print('Scraping page:', page)
    params = params={'sortBy': '', 'sortDir' :'', 'pn': page}
    html = session.get(sp500, params=params).text
    soup = BeautifulSoup(html, "html.parser")
    pagenav = soup.find(class_='pageNavigation')
    if not pagenav:
        break
    companies = pagenav.find_next('table', class_='dataTable')
    for link in companies.find_all('a', href=regex):
        symbols.append(link.get('href').split('/')[-1])
    page += 1

print(symbols)
```

一旦获得了股票代码列表，就可以爬取股票代码公司的董事会成员页面（例如 https://www.reuters.com/finance/stocks/company-officers/MMM.N），以获取董事会成员表，并将其存储为 pandas 数据结构，我们将使用 pandas 的 `to_pickle` 方法保存。如果你还没有安装 pandas，不要忘记先安装：

```
pip install -U pandas
```

将 `to_pickle` 方法添加到代码的底部：

```
import pandas as pd

officers = 'https://www.reuters.com/finance/stocks/company-officers/
{symbol}'

dfs = []

for symbol in symbols:
    print('Scraping symbol:', symbol)
    html = session.get(officers.format(symbol=symbol)).text
    soup = BeautifulSoup(html, "html.parser")
    officer_table = soup.find('table', {"class" : "dataTable"})
    df = pd.read_html(str(officer_table), header=0)[0]
    df.insert(0, 'symbol', symbol)
    dfs.append(df)

# Store the results
df = pd.concat(dfs)
df.to_pickle('sp500.pkl')
```

这类信息可有很多有趣的应用，尤其是在图和社交网络分析领域。我们将再次使用 NetworkX，但只是简单地解析收集到的信息，并导出一种可以用 Gephi（一个流行的图形可视化工具）读取的格式的图形，此工具可以从 https://gephi.org/users/

download/ 下载。

```
import pandas as pd
import networkx as nx
from networkx.readwrite.gexf import write_gexf

df = pd.read_pickle('sp500.pkl')

G = nx.Graph()

for row in df.itertuples():
    G.add_node(row.symbol, type='company')
    G.add_node(row.Name,type='officer')
    G.add_edge(row.symbol, row.Name)

write_gexf(G, 'graph.gexf')
```

在 Gephi 中打开图形文件，并应用“ForceAtlas 2”布局技术进行几次迭代。还可以显示标签，生成如图 9-12 所示的图形。

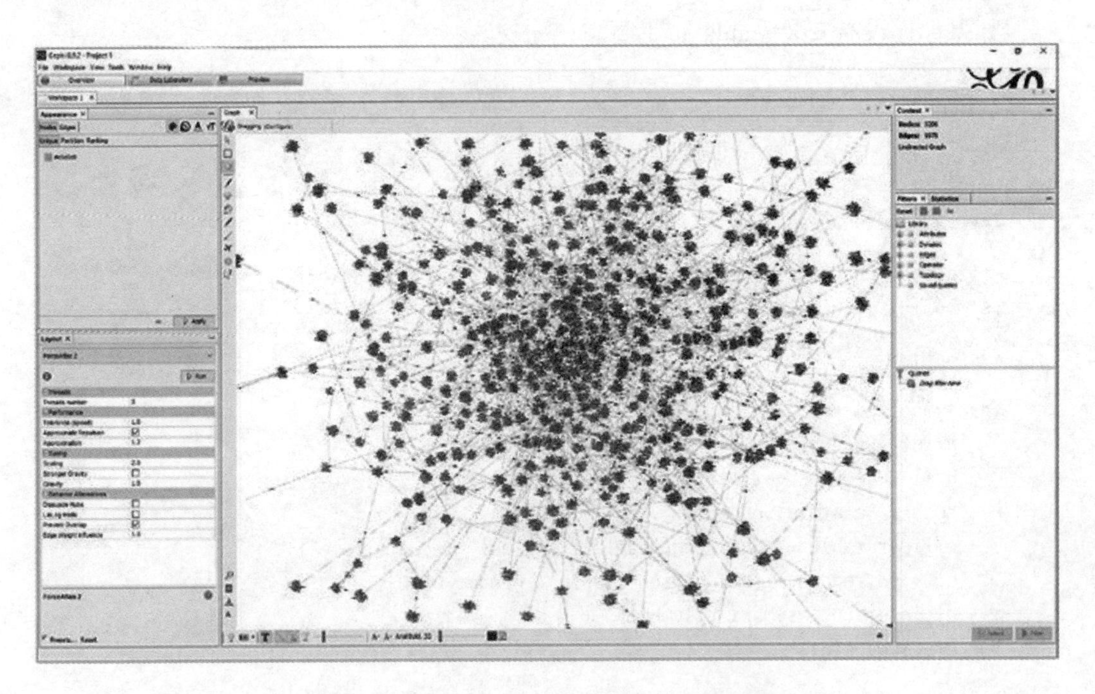

图 9-12 使用 Gephi 对爬取信息进行可视化

如果你愿意，请花些时间探索 Gephi 的可视化和过滤选项。在 NetworkX 中设置的所有属性（在实例中为“type”）也将在 Gephi 中可用。图 9-13 显示了 Google、Amazon 和 Apple 及其董事会成员过滤后的图表，这些成员连接了其他公司。

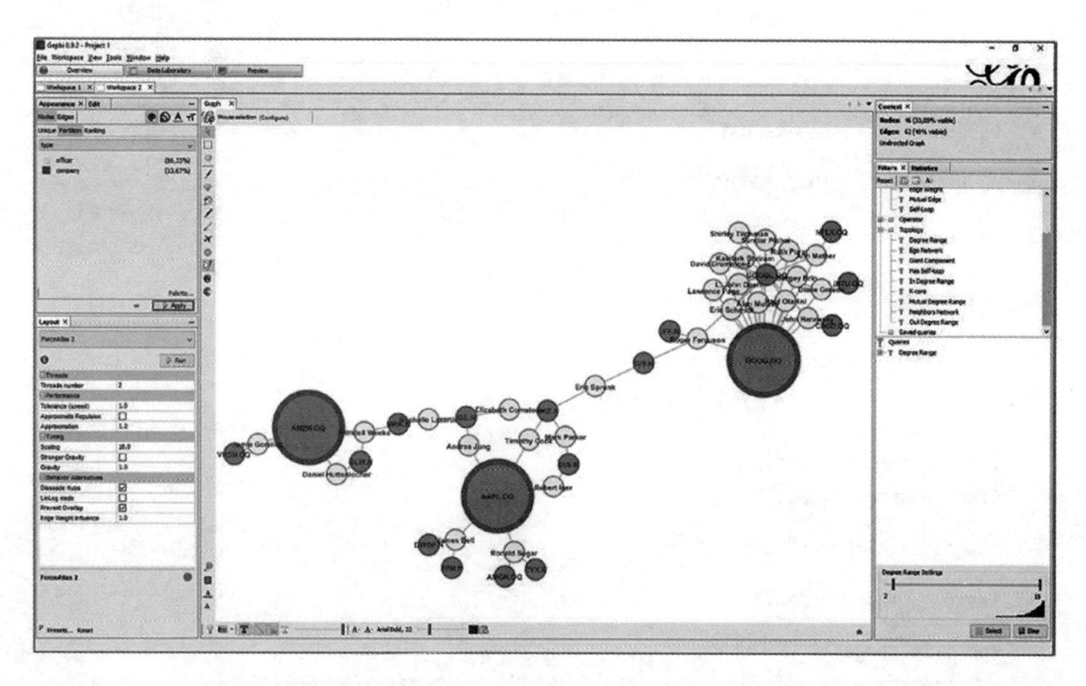

图 9-13 显示 Google、Amazon 和 Apple 的董事会关联成员

9.14 使用深度学习破解验证码图片

最后一个例子无疑是最具挑战性的一个，也是与“数据科学”（而非网络爬取）相关的一个例子。事实上，我们不会在这里使用任何网络爬取工具。相反，我们将通过一个实例来说明如何在网络爬取中包含一个预测模型，从而绕过验证码检查。

首先需要安装一些工具。我们将使用“ OpenCV”，这是一个非常完整的计算机视觉库，以及“ numpy”用于基本的数据整理。最后，我们将使用“ captcha”库生成示例图像。所有这些库按如下方式安装：

```
pip install -U opencv-python
pip install -U numpy
pip install -U captcha
```

接下来，在系统中的某个位置创建一个目录，以包含将要创建的 Python 代码。第一段代码（“constants.py”）将包含要使用的一些常量：

```
CAPTCHA_FOLDER = 'generated_images'
LETTERS_FOLDER = 'letters'

CHARACTERS = list('QWERTPASDFGHKLZXBNM')
NR_CAPTCHAS = 1000
```

```
NR_CHARACTERS = 4

MODEL_FILE = 'model.hdf5'
LABELS_FILE = 'labels.dat'

MODEL_SHAPE = (100, 100)
```

另一个脚本（“generate.py”）将生成一堆验证码图像并将它们保存到“generated_images”目录中：

```
from random import choice
from captcha.image import ImageCaptcha
import os.path
from os import makedirs
from constants import *

makedirs(CAPTCHA_FOLDER)

image = ImageCaptcha()

for i in range(NR_CAPTCHAS):
    captcha = ''.join([choice(CHARACTERS) for c in range(NR_CHARACTERS)])
    filename = os.path.join(CAPTCHA_FOLDER, '{}_{}.png'.format(captcha, i))
    image.write(captcha, filename)
    print('Generated:', captcha)
```

运行此脚本后，你最终应该会得到一组验证码图像（其验证码文字包含在文件名中），如图 9-14 所示。

这可能吗？　当然，我们在这里很幸运，我们正在自己生成验证码，因此有机会得到答案。然而，在现实世界中，验证码并没有公开他们的答案（这有点反驳验证码的用处），所以我们需要找出另一种方法来创建我们的训练集。一种方法是查找特定网站用于生成其验证码的库，并使用它来收集你自己的一组训练图像，尽可能地复制原件。另一种方法是自己手动标记图像，这听起来很可怕，但你可能不需要标记数千张图像来获得所需的结果。由于人们在填写验证码时也会犯错误，因而会有不止一次的机会得到正确的答案，因此不需要达到 100% 的准确率。即使预测模型只能得到十分之一的正确图像，这仍然足以在一些重试后突破验证。

接下来，我们将编写另一段代码，将图像分割成单独的部分，每个部分一个字符。可以尝试构建一个模型来预测全部答案，尽管在很多情况下，逐字逐句地进行预测要容易得多。为了分割图像，需要调用 OpenCV 来执行一些繁重的操作。关于 OpenCV 和计算机视觉的完整讨论本身就需要一本书，所以我们将在这里给出一些基础知识。在这里使用的主要概念是阈值处理、开操作和轮廓检测。要了解其工作原理，让我们首先创建一个小的测试代码，以显示这些概念的作用：

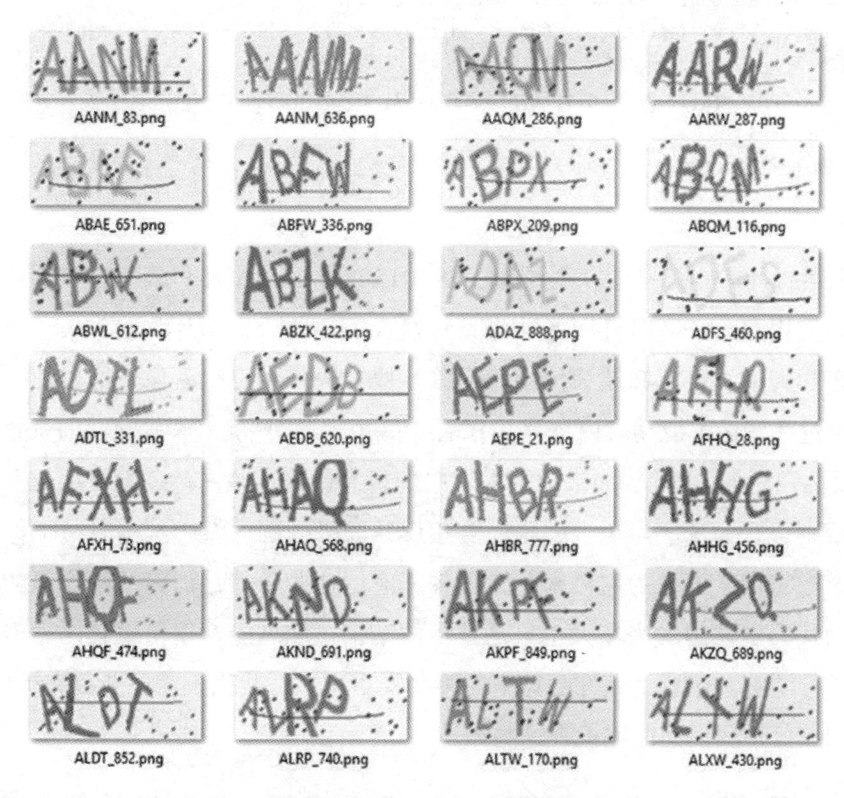

图 9-14 生成的验证码图像集合

```
import cv2
import numpy as np

# Change this to one of your generated images:
image_file = 'generated_images/ABQM_116.png'

image = cv2.imread(image_file)
cv2.imshow('Original image', image)

# Convert to grayscale, followed by thresholding to black and white
gray = cv2.cvtColor(image, cv2.COLOR_BGR2GRAY)
_, thresh = cv2.threshold(gray, 0, 255, cv2.THRESH_BINARY_INV | cv2.THRESH_
OTSU)
cv2.imshow('Black and white', thresh)

# Apply opening: "erosion" followed by "dilation"
denoised = thresh.copy()
kernel = np.ones((4, 3), np.uint8)
denoised = cv2.erode(denoised, kernel, iterations=1)
kernel = np.ones((6, 3), np.uint8)
```

```
denoised = cv2.dilate(denoised, kernel, iterations=1)
cv2.imshow('Denoised', denoised)

# Now find contours and overlay them over our original image
_, cnts, _ = cv2.findContours(denoised.copy(), cv2.RETR_TREE, cv2.CHAIN_
APPROX_NONE)
cv2.drawContours(image, cnts, contourIdx=-1, color=(255, 0, 0),
thickness=-1)
cv2.imshow('Contours', image)

cv2.waitKey(0)
```

如果运行此脚本，则应获得类似于图 9-15 所示的预览窗口列表。在前两个步骤中，我们使用 OpenCV 打开图像并将其转换成简单的黑白图片。接下来，应用开操作的形态学转换，将其归结为侵蚀和膨胀。侵蚀的基本思想就像土壤侵蚀一样：这种变换通过在图像上滑动“内核”(可以看作一个“窗口”)来“侵蚀”前景物体的边界（假设为白色）。因此，如果周围内核中的所有像素都是白色，则仅保留那些白色像素。否则，它会变成黑色。膨胀恰恰相反：如果周围内核中至少有一个像素为白色，则通过将像素设置为白色来扩大图像。应用这些步骤是消除图像噪声的常用策略。上面代码中使用的内核大小只是试错的结果，你可能希望使用其他类型的验证码图像进行调整。注意，允许图像中的某些噪声存在。我们不需要获得完美的图像，因为我们相信预测模型能够检查这些噪声。

图 9-15　用 OpenCV 处理图像。从左到右：原始图像、转换后的黑白图像、应用开操作去噪声后的图像、提取轮廓并以蓝色表示的图像

接下来使用 OpenCV 的 `findContours` 方法来提取连接的白色像素部分。OpenCV 提供了各种方法来执行这种提取，以及表示结果的不同方法（例如是否简化轮廓、是否构造层次结构等）。最后，使用 `drawContours` 方法来绘制发现的部分。这里的 `contourIdx` 参数表明想要绘制所有的顶层轮廓，而 `thickness` 值 -1 指示 OpenCV 填充轮廓。

现在仍然需要一种方法来根据轮廓创建单独的图像：每个字符一个。我们要做的是使用蒙版。请注意，OpenCV 还允许为每个轮廓取出“边界矩形”，这将使“切割”图像更加容易，但是如果角色的各个部分彼此靠近，这可能会带来麻烦。相反，我们使用以下代码片段所示的方法：

```
import cv2
import numpy as np

image_file = 'generated_images/ABQM_116.png'

# Perform thresholding, erosion and contour finding as shown before
image = cv2.imread(image_file)
gray = cv2.cvtColor(image, cv2.COLOR_BGR2GRAY)
_, thresh = cv2.threshold(gray, 0, 255, cv2.THRESH_BINARY_INV | cv2.THRESH_
OTSU)
denoised = thresh.copy()
kernel = np.ones((4, 3), np.uint8)
denoised = cv2.erode(denoised, kernel, iterations=1)
kernel = np.ones((6, 3), np.uint8)
denoised = cv2.dilate(denoised, kernel, iterations=1)
_, cnts, _ = cv2.findContours(denoised.copy(), cv2.RETR_TREE, cv2.CHAIN_
APPROX_NONE)

# Create a fresh 'mask' image
mask = np.ones((image.shape[0], image.shape[1]), dtype="uint8") * 0
# We'll use the first contour as an example
contour = cnts[0]
# Draw this contour over the mask
cv2.drawContours(mask, [contour], -1, (255, 255, 255), -1)

cv2.imshow('Denoised image', denoised)

cv2.imshow('Mask after drawing contour', mask)

result = cv2.bitwise_and(denoised, mask)

cv2.imshow('Result after and operation', result)

retain = result > 0
result = result[np.ix_(retain.any(1), retain.any(0))]

cv2.imshow('Final result', result)

cv2.waitKey(0)
```

如果运行此脚本，你将得到如图 9-16 所示的结果。首先，我们创建一个新的黑色图像，其大小与初始的去噪图像相同。取一个轮廓并在这个“蒙版”上面用白色绘制。接下来，将去噪后的图像和蒙版按位“and”操作组合，如果两个输入图像中的相应像素都是白色，则将保留白色像素，否则设置为黑色。接下来，应用一些灵巧的 Numpy 切片来裁剪图像。

这足以开始，尽管还有一个问题我们需要解决：重叠。如果字符重叠，它们会被发现为一个大的轮廓。要解决此问题，将应用以下操作。首先，从轮廓列表开始，检查两个不同轮廓之间是否存在显著程度的重叠，在这种情况下，仅保留最大轮廓。

接下来，根据轮廓尺寸对轮廓进行排序，取前 *n* 个轮廓，并在水平轴上从左到右排序（*n* 为验证码图片中的字符数）。这仍然可能导致轮廓少于我们需要的轮廓，因此迭代每个轮廓，并检查其宽度是否高于预期值。对于期望值，一个很好的启发式方法是基于从最左边的白色像素到最右边的白色像素的距离除以期望看到的字符的数量来获取估计的宽度。如果轮廓比预期的要宽，将它切割成 *m* 个相等的部分，*m* 等于轮廓的宽度除以预期的宽度。这是一种启发式方法，但仍然可能导致某些字符被完全切断（一些字符比其他字符大），但这是可以接受的。如果在这一切结束时没有得到所需数量的字符，将简单地跳过给定的图像。

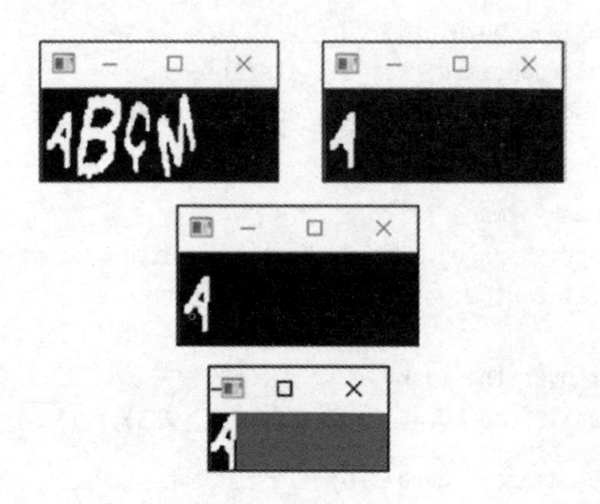

图 9-16　使用 OpenCV 中的轮廓掩码提取图像的一部分。在左上角显示起始图像。在右侧创建一个新图像，轮廓绘制为白色并填充。这两个图像以按位“and”操作组合以获得第二行中的图像。底部图像显示应用裁剪后的最终结果

将所有这些放在一个单独的函数列表中（在“functions.py”文件中）：

```
import cv2
import numpy as np
from math import ceil, floor
from constants import *

def overlaps(contour1, contour2, threshold=0.8):
    # Check whether two contours' bounding boxes overlap
    area1 = contour1['w'] * contour1['h']
    area2 = contour2['w'] * contour2['h']
    left = max(contour1['x'], contour2['x'])
    right = min(contour1['x'] + contour1['w'], contour2['x'] +
    contour2['w'])
    top = max(contour1['y'], contour2['y'])
    bottom = min(contour1['y'] + contour1['h'], contour2['y'] +
    contour2['h'])
    if left <= right and bottom >= top:
```

```
        intArea = (right - left) * (bottom - top)
        intRatio = intArea / min(area1, area2)
        if intRatio >= threshold:
            # Return True if the second contour is larger
            return area2 > area1
    # Don't overlap or doesn't exceed threshold
    return None

def remove_overlaps(cnts):
    contours = []
    for c in cnts:
        x, y, w, h = cv2.boundingRect(c)
        new_contour = {'x': x, 'y': y, 'w': w, 'h': h, 'c': c}
        for other_contour in contours:
            overlap = overlaps(other_contour, new_contour)
            if overlap is not None:
                if overlap:
                    # Keep this one...
                    contours.remove(other_contour)
                    contours.append(new_contour)
                # ... otherwise do nothing: keep the original one
                break
        else:
            # We didn't break, so no overlap found, add the contour
            contours.append(new_contour)
    return contours

def process_image(image):
    # Perform basic pre-processing
    gray = cv2.cvtColor(image, cv2.COLOR_BGR2GRAY)
    _, thresh = cv2.threshold(gray, 0, 255, cv2.THRESH_BINARY_INV |
    cv2.THRESH_OTSU)
    denoised = thresh.copy()
    kernel = np.ones((4, 3), np.uint8)
    denoised = cv2.erode(denoised, kernel, iterations=1)
    kernel = np.ones((6, 3), np.uint8)
    denoised = cv2.dilate(denoised, kernel, iterations=1)
    return denoised

def get_contours(image):
    # Retrieve contours
    _, cnts, _ = cv2.findContours(image.copy(), cv2.RETR_TREE, cv2.CHAIN_
    APPROX_NONE)
    # Remove overlapping contours
    contours = remove_overlaps(cnts)
    # Sort by size, keep only the first NR_CHARACTERS
    contours = sorted(contours, key=lambda x: x['w'] * x['h'],
```

```
                        reverse=True)[:NR_CHARACTERS]
    # Sort from left to right
    contours = sorted(contours, key=lambda x: x['x'], reverse=False)
    return contours
def extract_contour(image, contour, desired_width, threshold=1.7):
    mask = np.ones((image.shape[0], image.shape[1]), dtype="uint8") * 0
    cv2.drawContours(mask, [contour], -1, (255, 255, 255), -1)
    result = cv2.bitwise_and(image, mask)
    mask = result > 0
    result = result[np.ix_(mask.any(1), mask.any(0))]

    if result.shape[1] > desired_width * threshold:
        # This contour is wider than expected, split it
        amount = ceil(result.shape[1] / desired_width)
        each_width = floor(result.shape[1] / amount)
        # Note: indexing based on im[y1:y2, x1:x2]
        results = [result[0:(result.shape[0] - 1),
                          (i * each_width):((i + 1) * each_width - 1)] \
                   for i in range(amount)]
        return results
    return [result]

def get_letters(image, contours):
    desired_size = (contours[-1]['x'] + contours[-1]['w'] - contours[0]['x']) \
                   / NR_CHARACTERS
    masks = [m for l in [extract_contour(image, contour['c'], desired_size) \
             for contour in contours] for m in l]
    return masks
```

至此，终于做好了编写验证码图片裁剪代码（“cut.py”）的准备工作。

```
from os import makedirs
import os.path
from glob import glob
from functions import *
from constants import *

image_files = glob(os.path.join(CAPTCHA_FOLDER, '*.png'))
for image_file in image_files:
    print('Now doing file:', image_file)
    answer = os.path.basename(image_file).split('_')[0]
    image = cv2.imread(image_file)
    processed = process_image(image)
    contours = get_contours(processed)
    if not len(contours):
        print('[!] Could not extract contours')
        continue
    letters = get_letters(processed, contours)
```

```
if len(letters) != NR_CHARACTERS:
    print('[!] Could not extract desired amount of characters')
    continue
if any([l.shape[0] < 10 or l.shape[1] < 10 for l in letters]):
    print('[!] Some of the extracted characters are too small')
    continue
for i, mask in enumerate(letters):
    letter = answer[i]
    outfile = '{}_{}.png'.format(answer, i)
    outpath = os.path.join(LETTERS_FOLDER, letter)
    if not os.path.exists(outpath):
        makedirs(outpath)
    print('[i] Saving', letter, 'as', outfile)
    cv2.imwrite(os.path.join(outpath, outfile), mask)
```

如果运行此脚本，“letters”目录现在应包含每个字母的目录。例如图 9-17 所示。现在准备构建深度学习模型。将使用一个简单的卷积神经网络架构：“Keras”库。

```
pip install -U keras
```

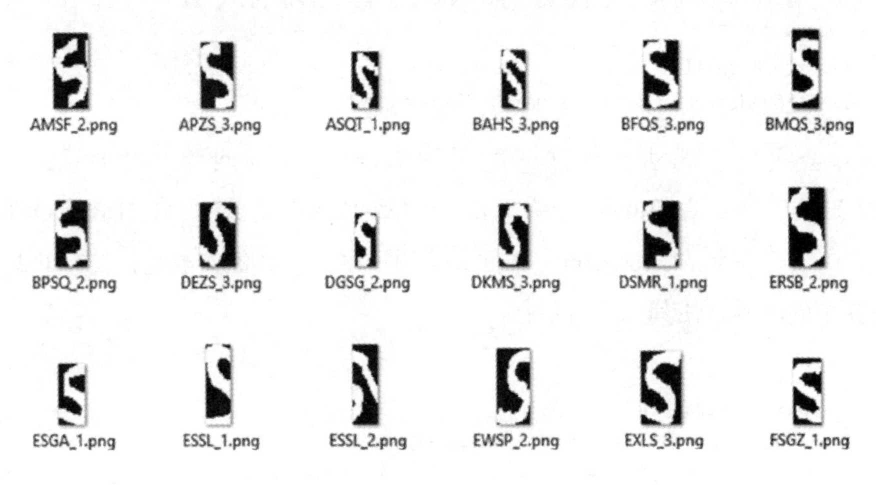

图 9-17　一组提取的“S”图像

要使 Keras 工作，我们还需要安装后端（也就是 Keras 依赖的后端引擎）。你可以使用相对受限的“theano”库，Google 的“Tensorflow”或微软的“CNTK”。我们假设你使用的是 Windows 系统，所以 CNTK 是最简单的选择（如果不是，请使用 pip 安装“theano”库）。要安装 CNTK，请到 https://docs.microsoft.com/en-us/cognitive-toolkit/setup-windows-python?tabs=cntkpy231 查找与 Python 版本对应的 URL。如果你的计算机中具有兼容的 GPU，则可以使用“GPU”选项。如果这不起作用或遇到麻烦，请返回“CPU”选项。然后执行安装（使用 GPU Python 3.6 版本 URL）：

```
pip install -U https://cntk.ai/PythonWheel/GPU/cntk-2.3.1-cp36-cp36m-
win_amd64.whl
```

接下来，需要创建一个 Keras 配置文件。运行 Python REPL 并导入 Keras，如下所示：

```
>>> import keras
Using TensorFlow backend.
Traceback (most recent call last):
  File "<stdin>", line 1, in <module>
  File "\site-packages\keras\__init__.py", line 3, in <module>
    from . import utils
  File "\site-packages\keras\utils\__init__.py", line 6, in <module>
    from . import conv_utils
  File "\site-packages\keras\utils\conv_utils.py", line 3, in <module>
    from .. import backend as K
  File "\site-packages\keras\backend\__init__.py", line 83, in <module>
    from .tensorflow_backend import *
  File "\site-packages\keras\backend\tensorflow_backend.py", line 1, in
  <module>
    import tensorflow as tf
ModuleNotFoundError: No module named 'tensorflow'
```

Keras 会报出它无法找到默认的后端 Tensorflow 的问题。没关系，只需退出 REPL。接下来，在 Windows 的文件资源管理器中找到“%USERPROFILE%\.keras”。应该有一个“keras.json”文件。使用记事本或其他文本编辑器打开此文件，并替换其中的内容，使其如下所示：

```
{
    "floatx": "float32",
    "epsilon": 1e-07,
    "backend": "cntk",
    "image_data_format": "channels_last"
}
```

使用其他后端引擎　如果你正在使用 Tensorflow，只需将“backend”值设置为“tensorflow”。如果你正在使用 theano，请将值设置为“theano”。请注意，在后一种情况下，你可能还需要查找系统上的“.theanorc.txt”文件并更改其内容以使系统正常工作，特别是“device”条目，你应将其设置为“cpu”，以防 theano 在寻找你的 GPU 时遇到麻烦。

完成此更改后，再次尝试将 Keras 测试导入新的 REPL 会话。现在你应该得到以下内容：

```
>>> import keras
Using CNTK backend
Selected GPU[1] GeForce GTX 980M as the process wide default device.
```

Keras 现在已经设置好并且正在识别 GPU。如果 CNTK 报错，请尝试使用 CPU 版本，但请记住，在这种情况下训练模型需要更长时间（如果你只能使用基于 CPU 的计算，那么 theano 和 Tensorflow 也会如此）。

现在可以创建另一个 Python 代码来训练我们的模型（“train.py”）：

```
import cv2
import pickle
from os import listdir
import os.path
import numpy as np
from glob import glob
from sklearn.preprocessing import LabelBinarizer
from sklearn.model_selection import train_test_split
from keras.models import Sequential
from keras.layers.convolutional import Conv2D, MaxPooling2D
from keras.layers.core import Flatten, Dense
from constants import *

data = []
labels = []
nr_labels = len(listdir(LETTERS_FOLDER))

# Convert each image to a data matrix
for label in listdir(LETTERS_FOLDER):
    for image_file in glob(os.path.join(LETTERS_FOLDER, label, '*.png')):
        image = cv2.imread(image_file)
        image = cv2.cvtColor(image, cv2.COLOR_BGR2GRAY)
        # Resize the image so all images have the same input shape
        image = cv2.resize(image, MODEL_SHAPE)
        # Expand dimensions to make Keras happy
        image = np.expand_dims(image, axis=2)
        data.append(image)
        labels.append(label)

# Normalize the data so every value lies between zero and one
data = np.array(data, dtype="float") / 255.0
labels = np.array(labels)
```

```
# Create a training-test split
(X_train, X_test, Y_train, Y_test) = train_test_split(data, labels,
                                        test_size=0.25, random_state=0)

# Binarize the labels
lb = LabelBinarizer().fit(Y_train)
Y_train = lb.transform(Y_train)
Y_test = lb.transform(Y_test)

# Save the binarization for later
with open(LABELS_FILE, "wb") as f:
    pickle.dump(lb, f)
# Construct the model architecture
model = Sequential()
model.add(Conv2D(20, (5, 5), padding="same",
          input_shape=(MODEL_SHAPE[0], MODEL_SHAPE[1], 1),
activation="relu"))
model.add(MaxPooling2D(pool_size=(2, 2), strides=(2, 2)))
model.add(Conv2D(50, (5, 5), padding="same", activation="relu"))
model.add(MaxPooling2D(pool_size=(2, 2), strides=(2, 2)))
model.add(Flatten())
model.add(Dense(500, activation="relu"))
model.add(Dense(nr_labels, activation="softmax"))
model.compile(loss="categorical_crossentropy", optimizer="adam",
metrics=["accuracy"])

# Train and save the model
model.fit(X_train, Y_train, validation_data=(X_test, Y_test),
          batch_size=32, epochs=10, verbose=1)
model.save(MODEL_FILE)
```

这里做了很多事情。首先，循环遍历了创建的所有图像，调整它们的大小并存储它们的像素矩阵以及结果。对数据进行规范化，使每个值都位于0～1之间，这使神经网络的工作更容易一些。接下来，由于Keras无法直接使用“Q”“W”等标签，需要对这些进行二值化处理：每个标签都转换为输出顶点，每个索引对应一个可能的字符，其值设置为1或者0，以使“Q”变为“[1,0,0,0,...]”“W”将变为“[0,1,0,0,...]”，依此类推。我们保存了这个转换，因为还需要它在模型的应用过程中再次执行对字符的转换。接下来，构建神经架构（实际上这相对简单），并开始训练模型。如果运行此脚本，将获得如下输出：

```
Using CNTK backend
Selected GPU[0] GeForce GTX 980M as the process wide default device.

Train on 1665 samples, validate on 555 samples
Epoch 1/10
```

```
C:\Users\Seppe\Anaconda3\lib\site-packages\cntk\core.py:361: UserWarning: ↵
your data is of type "float64", but your input variable (uid "Input4")  ↵
    expects "<class'numpy.float32'>". Please convert your data          ↵
    beforehand to speed up training.
  (sample.dtype, var.uid, str(var.dtype)))
  32/1665 [..............................] - ETA: 36s - loss: 3.0294 -
                                             acc: 0.0312
  64/1665 [>.............................] - ETA: 22s - loss: 5.1515 -
                                             acc: 0.0312
[...]
1600/1665 [===========================>..] - ETA: 0s - loss: 7.6135e-04 -
                                             acc: 1.0000
1632/1665 [============================>.] - ETA: 0s - loss: 8.3265e-04 -
                                             acc: 1.0000
1664/1665 [============================>.] - ETA: 0s - loss: 8.2343e-04 -
                                             acc: 1.0000
1665/1665 [==============================] - 3s 2ms/step - loss: 8.2306e-
                                             04 - acc:
     1.0000 - val_loss: 0.3644 - val_acc: 0.9207
```

在验证集上获得了 92% 的准确率，最起码还不错！现在唯一剩下的就是展示我们如何使用构建的网络来预测验证码（“apply.py”）：

```
from keras.models import load_model
import pickle
import os.path
from glob import glob
from random import choice
from functions import *
from constants import *

with open(LABELS_FILE, "rb") as f:
    lb = pickle.load(f)

model = load_model(MODEL_FILE)

# We simply pick a random training image here to illustrate how predictions
work. In a real setup, you'd obviously plug this into your web scraping
# pipeline and pass a "live" captcha image
image_files = list(glob(os.path.join(CAPTCHA_FOLDER, '*.png')))
image_file = choice(image_files)

print('Testing:', image_file)

image = cv2.imread(image_file)
image = process_image(image)
contours = get_contours(image)
```

```
letters = get_letters(image, contours)

for letter in letters:
    letter = cv2.resize(letter, MODEL_SHAPE)
    letter = np.expand_dims(letter, axis=2)
    letter = np.expand_dims(letter, axis=0)
    prediction = model.predict(letter)
    predicted = lb.inverse_transform(prediction)[0]
    print(predicted)
```

如果你运行这个脚本，将看到如下内容：

```
Using CNTK backend
Selected GPU[0] GeForce GTX 980M as the process wide default device.

Testing: generated_images\NHXS_322.png
N
H
X
S
```

如你所见，网络模型正确预测了验证码图片中的字符序列。以上是我们对验证码图片破解的简要介绍。正如之前所讨论的那样，存在几种替代方法，例如训练OCR 工具包或以低成本使用“ human crackers”服务。另外请记住，如果你计划将此想法应用到其他验证码图片上，可能需要对 OpenCV 和 Keras 模型进行微调，并且在这里使用的验证码图片生成器仍然相对“简单”。然而，最重要的是验证码上有警告标记，基本上明确表示不欢迎网络爬取。在开始破解验证码之前，请记住这一点。

传统模型也可能奏效　正如我们所看到的，建立一个深度学习并不是那么简单。如果你想知道传统的预测建模技术（如随机森林或支持向量机）是否也可以起作用（这些技术在 scikit-learn 都有现成的包，并且设置和训练的速度要快得多），答案是肯定的。在某些情况下，这些技术会起作用，尽管会损失一定的准确率。这种传统技术难以理解图像的二维结构，这正是卷积神经网络旨在解决的问题。也就是说，用随机森林建立模型并在约 100 个手动标记的验证码图像进行测试，准确率大约会低 10%，但经过多次尝试仍然可以得到正确的结果。